表　対流圏におけるさまざまな大気運動・大気擾乱（気象現象・気象擾乱）の分類

	大　規　模		中間規模	中規模	小規模
	←――――　大規模グループ　――――→			←―― 中・小規模グループ ――→	
サイズ（水平）	10,000 km 以上	数千 km	1,000 km 以下	数百 km	10 km 以下
サイズ（鉛直）	10 km	10 km	10 km	10 km	1 km
鉛直サイズ／水平サイズ（比）	$\frac{1}{1,000}$ 準水平運動	$\frac{1}{数百}$ 準水平運動	$\frac{1}{100}$ 準水平運動	$\frac{1}{数十}$ 3次元運動	$\frac{1}{10}$ 3次元運動
寿　命	月	週	日	数時間	時間以下
存　在　高　度	下部成層圏におよぶ	対流圏界面におよぶ	対流圏内	対流圏内	対流圏下層・境界層（晴天乱流）
大気擾乱・大気現象例	プラネタリー波（ロスビー波）超長波〔強制波（定常波），自由波〕太平洋高気圧，シベリア高気圧	長波（主として自由波）温帯低気圧，移動性高気圧，台風	中間規模擾乱（として自由波）小低気圧，前線性波動（クラウドクラスター）	群（として自由波）巨大積乱雲（スーパーセル），海陸風，山谷風，竜巻	晴天乱流
気　圧　変　化　量	1 hPa・日$^{-1}$	10 hPa・日$^{-1}$	1 hPa・日$^{-1}$	1 hPa・日$^{-1}$〜10 hPa・日$^{-1}$	
水　平　速　度	10 m・s^{-1}	10 m・s^{-1}	10 m・s^{-1}	10 m・s^{-1}	10 m・s^{-1}
鉛　直　速　度	1 hPa・h^{-1}〔1 cm・s^{-1}〕以下	10 hPa・h^{-1}〔1 cm・s^{-1}〕	10 hPa・h^{-1}〔1 cm・s^{-1}〕以上	1〜10 m・s^{-1}	
渦度と発散の卓越性	渦度	渦度	渦度，発散	発散，渦度	発散，渦度
成　因（不安定性など）	大規模山岳系・海陸分布の熱的・力学的影響（強制波），波−波相互作用（自由波）	主として傾圧不安定性	力学的不安定性	静的不安定性など	地表面の影響，ケルビン−ヘルムホルツ不安定性など
使用する天気図など	北半球月平均天気図など（主として高層および成層圏天気図）	地上天気図および高層天気図，断面図，雲分布図など	局地天気図，高層天気図，雲分布図，レーダーエコー合成図，解析雨量図など	ドップラーレーダーデータ，レーダーエコー合成図，解析雨量図，雲分布図，エマグラムなど	ドップラーレーダーデータ，レーダーエコー合成図，気象要素の連続観測値など
予　報　の　種　類	長期（季節）予報，週間天気予報	中期（週間天気）予報，短期予報	短期予報，短時間予報など	短時間予報，ナウキャスト	短時間予報，航空気象予報など

（注）　1.　普通，1,000〜1 km くらいまでの代表的な水平スケール（サイズ）をもつ気象現象を中・小規模（メソスケール）現象（運動，擾乱）（メソ気象ともいう）としているが，オーランスキー（1975）のように，2,000〜2 km をメソスケールとし，さらにメソα（2,000〜200 km），メソβ（200〜20 km），メソγ（20〜2 km）と細かく分類することもある．この数値そのものや分け方に特に物理的根拠はないが，実際の現象の仕分けとして便利である．

　　　　2.　上の表で大規模グループと中・小規模グループに大別したが，対流圏の大気擾乱の強さ（運動エネルギー）と波長（あるいは波数）の関係（パワースペクトラム密度）でいうと〔ひとつの観測結果，対流圏界面付近（高度 9〜14 km）の波長 2.6〜10^4 km の範囲の風速と温位の観測（ナストロームとゲージ，1985）による〕，波長 500 km を境として，それより短かい波長の領域のスペクトラムは波数 κ の $-5/3$ 乗に比例し，それより長波長の領域では波長数 1,000 km までの範囲で波数の -3 乗に比例している．

61

令和5年度 第2回

気象予報士試験
模範解答と解説

天気予報技術研究会［編］

東京堂出版

は じ め に

　気象予報士の過去61回の試験で12,523名の合格者が出た．気象予報士会も一般社団法人となり，全国的に社会の各方面で活躍しはじめている．1995年5月からの本格的な気象予報士の登場とそれを支える各種気象資料・予報支援資料の普及によって，わが国の民間気象業務が今後一層振興していくことが切望される．巧みな話術ではなく，科学的な実力が発揮されねばならない．

　ここに過去60回に引き続いて，第61回（令和5年度第2回）気象予報士試験に対する模範解答と解説を刊行するわけであるが，刊行の趣旨は初めから一貫して変わっていない．これまでの本番の試験によって，気象庁が考えている気象予報士に必要な知識と判断力・予報作業上の技能の範囲と程度が，具体的に一層明らかとなった．回を重ねることによる出題者側の試験問題作成の態勢の定着と進化もうかがえるわけである．しかし最近は，範囲の拡大や重層的な知識，より高い専門性や実践能力を試す設問が，学科試験に出題されはじめている点が注目される．また，実技試験では，学科試験の延長としての学問的根拠を問う設問とより多くの種類の作業図を用いた実務的な技能を試す設問が増えてきている．その意味では，気象予報士の資格をとるための単なる試験対策，あるいは受験テクニックということではなく，日進月歩を遂げている天気予報技術を使いこなす真の実力が，気象庁以外の場所においても普及し，かつ気象業務にたずさわる官民全体の技術水準の向上が実現するような努力が積み重ねられることが強く望まれている．あわせて，日進月歩の勢いで進展している気象庁における観測・予報業務等の実態に関する一層の情報公開も必要と考える．試験問題作成者が，日常取扱う気象観測器，目にする各種気象資料や気象情報も，一般社会にいる者にはなかなか接する機会がないし，適当な解説書も刊行されていない．実技資料の見方，読み方さえしっかり身につけていればとまどわないということもいえるかもしれないが，限られた試験時間を考えると日常的に扱い慣れている必要があると思うので，そうした配慮がなされることを重ねて要望したい．ところで，近年，気象予報士試験の受験者数が頭打ちとなっているが，受験者層の構成に変化がみられ，気象業務に関係のない一般市民からの受験が顕著となっている．その結果，合格率が近年落ちているが，気象予報士の資格の内容に変更はなく，本来の目的に沿った準備を重ねれば必ず合格できる状況に変わりはない．また，平成14年5月に，気象業務支援センターが「合格基準」を発表したことは，受験者に余計な心配をさせない上で歓迎される（6頁参照）．あわせて，第22回の実技試験から，設問毎の配点が初めて公表されたことも，歓迎すべきことである．できれば，採点方法についても，ある程度の情報開示が望まれる．本書はこれまでとまったく同様に，天気予報技術研究会が企画し，全体の編集と一部執筆には瀬上哲秀があたった．解説は，元鹿児島地方気象台長 下山紀夫氏，元気象研究所長 高野清治氏，同予報研究部長 露木義氏，元高層気象台長 下道正則氏，元東京航空地方気象台長 饒村曜氏，元松山地方気象台長 西村修司氏，元気象衛星センター総務部長 寺本幸弘氏にそれぞれ分担執筆して頂いた．また，本書の準備段階においてお世話になった気象庁の各担当部局のすべての関係官に対して，併せて，試験問題・学科試験の解答・実技試験の解答例を提供して下さった（一財）気象業務支援センターの羽鳥光彦理事長と試験部のスタッフの方々に対して，ここに紙面をかりて深く感謝の意を表したい．また，出版にあたられた東京堂出版編集部の上田京子氏には，ひとかたならぬお世話になった．厚くお礼申し上げたい．

　最後に，しかし多大の謝意をこめて，図の掲載を許可された，すべての著者・出版社に対して心から感謝したい．

目　次

新しい時代の資格「気象予報士」

1. 社会生活環境の変化と気象技術の進展

　いまさらいうまでもなく，社会は高度情報化しつつあり，われわれの生活環境もまた大きく変わろうとしている．気象情報に対するニーズも，それに伴って変わりつつあり，より便利な生活を望み，欲しい時に欲しい所の気象情報が容易に入手できるようになって欲しいという要望が強い．最近，気象情報や天気予報の精度も向上しつつあり，より身近な情報を，というニーズの高まりは自然なことである．

　一方，気象技術の進展によって，こうしたニーズにこたえられる状況が生まれつつある．気象予測についてみると，近年，今日・明日・明後日の天気予報（短期予報）の精度が著しく向上したのに続いて，数時間先までの天気予報（短時間予報）を含めた，きめの細かい定量的な1日予報の精度向上を目指した新技術が業務化され，2012年3月の第9世代数値解析予報システム（NAPS-9），2018年6月の第10世代数値解析予報システム（NAPS10）への更新を順次迎えた．これまでの全球モデル及びメソモデルの性能アップに加え，局地モデル，全球アンサンブル予報システム，メソアンサンブル予報システムなどの導入の運びとなった．他方，レーダーエコー合成図（5分毎），解析雨量図，降水短時間予報の1kmメッシュ化も実施された．こうした新しい予報業務の展開によって，予報結果もますます多種・多様となり，ユーザーである国民に対して多彩なサービス提供が可能となってきた．たとえば，平成22年5月からの警報・注意報の市町村を対象区域としての発表や竜巻発生確度ナウキャスト・雷ナウキャストの実施，25年8月からの特別警報の運用など．

　このように，社会のニーズの高まりと気象技術の進展がうまくマッチする将来を視野にいれて，これまで不特定多数にたいする天気予報は気象庁のみが行っていた制度を改正し，対象地域を特定した局地的な天気予報や中期予報・長期予報を民間気象事業者も行えるようにし，気象情報サービスの振興を図るようになって，既に20年以上の歳月が流れた．

2.「気象予報士」制度等の新設

　上に述べた情勢の変化をふまえ，気象庁では気象審議会にたいして，平成3年（1991）8月8日「社会の高度情報化に適合する気象サービスのあり方について」の諮問を行い，一年後の平成4年（1992）3月23日答申（以下，第18号答申と呼ぶ）を受けた．
答申の概要は以下の通りである．
　（1）これからの気象情報サービス
　国民から気象情報に関し寄せられる多様な要望に対処し気象情報サービスを高度化するためには，その基礎として晴，雨等の天気に直接結びついたメソ（中規模）気象現象についての量的な予測技術を開発する必要がある．この予測データと各種関連情報を総合的に活用することで，利用者の個別的

な目的に応えるさまざまな付加価値情報ネットワーク等の活用を図り「欲しい時に欲しい所の気象情報」の提供を求める国民の要望に応えて行くことが課題となる.

（2）官・民の役割分担による気象情報サービスの推進

気象庁は，防災気象情報及び一般向けの天気予報の発表を担う．前述のメソスケール気象現象の量的な予測技術を開発し，分布図等画像情報も活用して，これらの情報の拡充を図ることとする．一方，民間気象事業者は局地的な天気予測やさまざまな付加価値情報の加工あるいは情報メディアを活用した情報提供を受け持ち，上記データを活用して国民の高度化・多様化する要望に応えることとする.

なお，民間気象事業者の提供する気象情報を広く国民の利用に供するためには，混乱の防止，情報の質の確保等が必要となる．このため，米国で実績のある技術検定制度の活用を図ることとする.

（3）防災情報に関する関係機関との連携・協力の強化

気象官署と防災関係機関の情報システムをオンラインで結ぶことにより，情報提供の迅速化，相互のデータ交換等の推進を図り，防災業務の一層の高度化を図ることが望ましい.

上に述べた第18号答申の趣旨に沿って，気象庁では気象業務法の一部改正のための法案を作成し，所要の手続きをへて第126回国会に提出し，平成5年（1993）5月成立，6月公布の運びとなった.

改正に伴う今後の気象サービスのあり方の模様は，主要な改正点は次の三点である.

（1）気象予報士制度の新設と指定試験機関の設置

（2）民間気象業務支援センターの設立

（3）防災気象情報との整合性

気象予報士試験試験科目の概要

平成 12 年 8 月 25 日
気　　象　　庁
（財）気象業務支援センター

　気象予報士試験の試験科目は気象業務法施行規則第 15 条別表に定められている．同表記載の各項目の概要は以下のとおりである．今後とも気象学の発展，気象庁等における予報技術の高度化等に応じて，その内容は適宜見直される．

学科試験の科目

一　予報業務に関する一般知識

イ	大気の構造	地球・惑星の大気及び海洋の基本的な特徴と構造等
ロ	大気の熱力学	理想気体の状態方程式，大気中の水分の相変化及び大気の鉛直安定度等
ハ	降水過程	雨粒・氷晶等の生成と成長などのメカニズム等
ニ	大気における放射	太陽放射，地球放射の吸収・反射・散乱等の過程及び地球大気の熱収支や温室効果等
ホ	大気の力学	大気の運動を支配する力学法則，質量保存則，コリオリ力，地衡風及び大気境界層の性質等
ヘ	気象現象	様々な時間・空間スケール現象（地球規模の大規模運動，温帯低気圧，台風，中規模対流系等）の構造と発生・発達のメカニズム等
ト	気候の変動	地球温暖化等の気象変動に対する温室効果ガスの増加，火山噴火，海岸の影響等
チ	気象業務法その他の気象業務に関する法規	民間における気象業務に関する法律知識（気象業務及び災害対策基本法その他関連法令）等

二　予報業務に関する専門知識

イ	観測の成果の利用	各種気象観測（地上気象，高層気象，気象レーダー，気象衛星等）の内容及び結果の利用方法等
ロ	数値予報	数値予報資料を利用するうえで必要な数値予報の原理，予測可能性，プロダクトの利用法等
ハ	短期予報・中期予報	短期予報・中期予報を行ううえで着目する気象現象の把握，予報に必要な各種気象資料の利用方法等
ニ	長期予報	長期予報を行ううえで着目する気象現象の把握，予報に必要な各種気象資料の利用方法等
ホ	局地予報	局地予報を行ううえで着目する気象現象の把握，予報に必要な各種気象資料の利用方法等
ヘ	短時間予報	短時間予報を行ううえで着目する気象現象の把握，予報に必要な各種気象資料の利用方法等
ト	気象災害	気象災害の概要と注意報・警報等の防災気象情報
チ	予想の精度の評価	天気予報が対象とする予報要素に応じた精度評価の手法等
リ	気象の予想の応用	交通，産業等の利用目的に応じた気象情報の作成手法等

6

実技試験の科目

一 気象概況及びその変動の把握

実況天気図や予想天気図等の資料を用いた，気象概況，今後の推移，特に注目される現象についての予想上の着眼点等

二 局地的な気象の予想

予報利用者の求めに応じて局地的な気象予想を実施するうえで必要な，予想資料等を用いた解析・予想の手順等

三 台風等緊急時における対応

台風の接近等，災害の発生が予想される場合に，気象庁の発表する警報等と自らの発表する予報等との整合を図るために注目すべき事項等

合格基準

平成 14 年 5 月 17 日（財）気象業務支援センター発表
学科試験（予報業務に関する一般知識）：15 問中正解が 11 以上
学科試験（予報業務に関する専門知識）：15 問中正解が 11 以上
実技試験：総得点が満点の 70% 以上
※ただし，難易度により調整する場合があります．
※気象業務支援センターでは，合否および試験の採点結果に関する照会を受付けておりません．

　　○試験後発表された合格基準
第 47 回試験　学科試験：一般，専門ともに 15 問中正解が 11 以上，　実技試験：総得点が満点の 68% 以上
第 48 回試験　学科試験：一般，専門ともに 15 問中正解が 11 以上，　実技試験：総得点が満点の 63% 以上
第 49 回試験　学科試験：一般は正解が 11 以上，専門は 10 以上，　実技試験：総得点が満点の 64% 以上
第 50 回試験　学科試験：一般は正解が 11 以上，専門は 10 以上，　実技試験：総得点が満点の 67% 以上
第 51 回試験　学科試験：一般は正解が 11 以上，専門は 10 以上，　実技試験：総得点が満点の 66% 以上
第 52 回試験　学科試験：一般は正解が 11 以上，専門は 11 以上，　実技試験：総得点が満点の 68% 以上
第 53 回試験　学科試験：一般，専門ともに 15 問中正解が 10 以上，　実技試験：総得点が満点の 63% 以上
第 54 回試験　学科試験：一般，専門ともに 15 問中正解が 11 以上，　実技試験：総得点が満点の 70% 以上
第 55 回試験　学科試験：一般は正解が 10 以上，専門は 9 以上，　実技試験：総得点が満点の 63% 以上
第 56 回試験　学科試験：一般，専門ともに 15 問中正解が 11 以上，　実技試験：総得点が満点の 65% 以上
第 57 回試験　学科試験：一般は正解が 10 以上，専門は 11 以上，　実技試験：総得点が満点の 62% 以上
第 58 回試験　学科試験：一般，専門ともに 15 問中正解が 11 以上，　実技試験：総得点が満点の 68% 以上
第 59 回試験　学科試験：一般は正解が 11 以上，専門は 10 以上，　実技試験：総得点が満点の 65% 以上
第 60 回試験　学科試験：一般は正解が 11 以上，専門は 10 以上，　実技試験：総得点が満点の 66% 以上
第 61 回試験　学科試験：一般，専門ともに 15 問中正解が 11 以上，　実技試験：総得点が満点の 69% 以上

（一財）気象業務支援センター

学科試験への取り組み方と勉強の仕方

　気象予報士試験の第一の関門は学科試験である．その内訳は，気象学の基礎および関連法令についての「予報業務の一般知識」および気象技術の基礎についての「予報業務の専門知識」から成り立っており，各15問ずつ出題される．いずれも多肢選択問題で，原則五つの答の中から「正しいもの」または「誤ったもの」を選択する形か，文章または記述の正誤の組合せを選ぶ形をとっている．それぞれ60分（1時間）の時間しかあたえられないから，1問には平均4分しかかけられない．したがって，すぐ答のわかる問題から先に解いていき，むずかしい問題は後まわしにする方が得策である．そして，ひと通り見終わって答えられるものに答えてから，もう一度最初に戻り，次に解けそうな問題から順に解くのがよい．どうしても答がわからない問題でも，解答欄をブランクのまま残すよりは，正解と推定される数字で埋めたい．この種の多肢選択問題においては，問題の問いかけている「正しいもの」または「誤ったもの」をみつけるには，あたえられた選択肢（答）の中から，明らかに正解とは思えないものを消去法で消していくのが近道である．通常，問題の本文を読み進みながら答の方をみていくと，明らかに正解でない答が必ず複数個みつかるから，それらを順次除外していくと，最後に正解らしいものが2個ぐらい残る．もちろん，1個しか残らなければ直ちに解答欄に，その答の番号が記入できる．2個ぐらいで迷ったときは，一応両方に印をつけておいて，ひとまずより自信のもてる方の番号を解答欄に記入しておき，次に順番がまわってきたときに精査すればよい．

　これまでの気象予報士試験の学科試験をみる限り，概して素直な問題が多いが，最終的に迷わされるような仕掛けがかなりみられる．また，計算問題の類が増加する傾向にあるが，基本をしっかり理解していれば簡単に解けるものが多い．このように学科の基礎をしっかり勉強していて，迷ったら考え過ぎないで定義や原理・基本に立ち戻って考えれば，大概の問題は解けると思う．ただその場合，もし余力があって少し上級と思われる知識を身につけていると，最近みられるレベルアップした専門性の高い設問（一般，専門それぞれ2，3みられる）に迷わず対応できる．また，気象測器などのかなり特化された設問に対しては，気象庁ホームページの「知識・解説」などを参考にするとよい．なお，もうひとつの最近の傾向として，天気図，分布図，関係を表わす図，形状を表わす図や表の見方・読み取り方に習熟していることが要求されてきている．これに対しても，その図や表のもつ気象学的な意味や気象情況との関係をしっかりつかんだ上で，正誤の判断基準をみつけてそれにもとづいて区別すればよい．平素から数多く例題をこなすことが第一だと思う．

　学科試験の最大のポイントは，気象学と気象技術，気象業務関連法令，気象業務の実際面（特に予報・観測業務と関係の深い部分）について，幅広く出題される点である．したがって，部分的にかなり深く勉強するよりは，幅広く，適度な深さで知識を身につけていた方が有利である．学科試験の場合，ふつう合格基準の15問中11問以上の正解が要求されている．

　まず関連法令からみると，関連法令が意味している事項の筋道，論旨を理解したい．法律の条文を丸暗記するのではなく，予報業務を行うこと，気象庁以外の者が行う予報業務の許認可，防災情報の伝達等の内容，われわれの日常常識に照らしてみていけば，自然に国が法律で規定していることの大きな流れが全体的，系統的にわかると思う．その脈絡をしっかりとつかんでおけば，関連法令に関す

る問題は容易に解けるだろう．毎回，30問中4問は必ず出題されているので，もしいつもこれらの問題に確実に答えることができれば，それだけでも大変有利である．しかも，それは決して困難なことではない．なお，関連法令は，しばしば変更されるので，本文の最後に重要な改正点をまとめておく．

　関連法令を除く一般知識については，多少時間がかかってもじっくりと気象学とその周辺の数学と物理学の勉強をやるほかない．先にも述べたように，広くまんべんなくおさらいしなければならないが，特に過去くり返して出題された分野や複数問出題される分野は，重視したい．中でも「正しいもの，あるいは，誤ったものを選べ」という問題の場合，選択肢にある記述は，いずれも重要な事項に関するもので，それらの正しい内容をよく理解しておきたい．また，この部分の本書の解説をよく読んでおくのがよい．同じことは，専門知識についてもいえる．とくに，最近はかなり広範囲でかつ専門的な事項や実務にかかわる内容も出題されているので，毎年刊行される『気象業務はいま』（気象庁編，いわゆる気象白書）や『気象ガイドブック』『地上気象観測指針』『高層気象観測指針』（気象庁編，気象業務支援センター発行）も参照した方がよいと思われる．『気象観測の手引き』（気象業務支援センター）は試験対策としては不十分な内容であるが，たとえば「大気現象」の表などは役に立つ．また，『気象衛星画像の見方と利用』『気象レーダー観測システム（付録　気象レーダーデータを利用した降水短時間予報）』少しレベルが高いが，毎年刊行される『量的予報資料（現在，予報技術研修テキスト）』『数値予報研修テキスト』『数値予報課別冊報告』『季節予報研修テキスト』なども有用である．特に，最新の数値予報モデルの詳細な内容については上記の数値予報の『研修テキスト』や『別冊報告』で基本事項を調べて身につけておきたい．さらに，気象庁の業務改善の情報を知るのに気象庁のホームページが便利なので，「補遺」でも例示するように常に見る習慣を身につけておきたい．

　読者のこれまでのキャリヤーや背景知識によって，具体的な勉強の仕方は当然変わってくるが，どういう場合でも，まず総論として気象学と気象技術の全体展望および系統樹をしっかりとおさえ，断片的知識を整理して堅牢な知識体系の枠組の中に納めておくこと．次に各論としての重要分野の知識が確実なものとなっているかどうか，確認することである．案外，わかっているつもりでも，念をおされるとあやふやな点が多いものである．ひとつずつ確かめるような復習の積み重ねと過去問題や練習問題の練習を多くして，ある種の「ひっかけ問題」に注意すること，とくに，これまで間違えた問題を自己分析して，何を，何故，どう間違えたのかを明らかにして，自分の弱点を特定し，それを無くしていくことが，きわめて効果的である．そうすることによって，設問を見たとき直ちにその出題意図を見抜く判断力を，意識的に身につけてほしい．そして設問の狙いを適確に把握し，それに適合した自分の知識の引出しをもってきたり計算問題を解く手順を決めたりして，かなり厳しい時間の制約の下に，すばやく，適確に反応できるような反射神経を常日頃からみがいておきたい．なお，ここで強調しておきたいことは，学科の知識をしっかりと身につけることが，とりもなおさず実技の能力を高めることだということである．つまり，最近，学科の延長のような設問が必ずといってよい程出題されている実技試験に対しても，基礎学力，応用学力を高めておくと思いのほか有利に働くということである．もし，計算問題などで気象学・気象技術の基礎となっている数学と物理学の学力が不足していると思われたら，急がば回れで高校卒業レベルから復習しなおした方が結局早道だと考えられる．最近は，よくまとまった参考書が刊行されている．最後に，周知のように，気象予報士試験では

まず学科試験に合格しなければならない．同時に実技試験もクリアできればそれに越したことはないが，不幸にしてそういかない場合には，まず，学科試験にパスして1年間有効の権利を保持しつつ，実技試験に集中的に取り組むのがよいと思う．その場合，もちろん一般知識と専門知識の両方合格すればよいが，もし片方だけに合格してもかなりの負担減となるので，少しずつでも前進し，足がためをするように心がけたい．ただし，常に学科試験の復習も忘れずに．

以下に，最近の気象業務法（以下「法」という．）等の関連法令の改正点をまとめておく．

平成19年改正

従来，地震及び火山現象の予想は技術的に困難であったため，予報及び警報の対象から除外されてきた．しかし，近年の技術の進展及び観測体制の充実に対応し，地震のうち，地震動について，「緊急地震速報」が導入できるようになり，その導入は，中央防災会議（平成19年6月21日）で要請されていた．火山現象についても，「噴火警戒レベル」「噴火警報」が導入できるようになった．

このため，以下の主な条項で改正があった．

1. 気象庁による地震動及び火山現象の予報及び警報の実施及び地象の警報をしたときは直ちに警察庁，国土交通省等の機関への通知．（法第13条第1項，法第15条第1項関係）
2. 気象庁以外の者に対する地震動及び火山現象の予報業務の許可
   （法第18条第1項，法第19条の2関係）
3. 気象庁以外の者による地震動及び火山現象の警報の制限（法第23条関係）

平成25年改正

東日本大震災や平成23年台風第12号による大雨災害等においては，警報が市町村，住民にその危険性が十分認識されず，また，市町村においては避難勧告等のタイミングを適確に判断することが困難であるという指摘もあり，警報が，直ちに防災対応をとるべき状況である旨のわかる情報の提供が望まれた．国の中央防災会議の防災対策推進検討会議最終報告（平成24年7月）では，早急に対策に取り組んでいくべきとされた．このため，以下の主な条項で改正があった．

1. 気象庁に対し，重大な災害の起こるおそれが著しく大きい場合に「特別警報」を行うことを義務付けること．（法第13条の2，法第15条の2，令第5条，令第9条，規則第8条関係）

   特別警報とは，予想される現象が特に異常であるため重大な災害の起こるおそれが著しく大きい場合の警報である．数十年に一度の現象である．種類は，①暴風雨，暴風雪，大雨等の気象特別警報，②地震動特別警報（緊急地震速報震度6弱以上），③火山現象特別警報（噴火警戒レベル4以上又は噴火警報（居住地域）），④地滑り等地面現象特別警報，⑤津波特別警報（3mを超える大津波警報），⑥高潮特別警報，⑦波浪特別警報，がある．

   主な事例としては，平成30年7月豪雨（いわゆる西日本豪雨），令和元年東日本台風（台風第19号），令和2年7月豪雨（いわゆる熊本豪雨）（以上大雨），平成30年北海道胆振東部地震，令和6年能登半島地震（地震動），平成27年5月の口永良部島（噴火）等がある．

2. 津波の予報業務に係る許可基準について，現象の予想の方法が国土交通省で定める技術上の基準に適合するものとすること．（法第18条，規則第10条の2関係）

   津波について，近年のコンピューターによる予測計算手法の進歩等のため，適切なソフトを

用いた計算予測を技術上の基準を義務付けし，気象予報士設置を除外した．

3. 警報及び特別警報について，気象庁からの伝達先及び関係市町村への通知元として消防庁を追加すること．（法第 15 条，法第 15 条の 2，令第 8 条関係）

　　警報等の確実な伝達のための情報伝達手段の多重化・多様化に，消防庁が整備した，人工衛星による通信である J-Alert（全国瞬時警報システム）を活用する．

| 令和 5 年改正 |（出典：気象庁 HP 気象業務法及び水防法の一部改正等，国土交通省 HP 水防法等の改正．これらを加工して作成）

　近年の自然災害の頻発・激甚化や過去に例がない災害への防災対応のため，国・都道府県が行う予報・警報の高度化及び，民間事業者の予報も高度化が求められている．これらに対応する最新の技術の進展により，気象業務法等を改正して，国，都道府県，民間事業者による予報の高度化・充実を図るものである．このため，以下の主な条項で改正があった．

1. 国・都道府県による予報の高度化
   (1) 近年，自然災害が頻発・激甚化しており，河川においては大雨等のためバックウォーター現象等により本川・支川合流地点での浸水被害が発生してきている．この対策として，国洪水予報河川（水防法第 10 条第 2 項による指定）において，精度が高く長時間先の予測が可能な本川・支川一体の水位予測モデルを導入している．この予測により取得した予測水位情報を都道府県の求めに応じ都道府県洪水予報河川（水防法第 11 条第 1 項による指定）にも提供するものとする．

      　都道府県と気象庁とはこの情報を踏まえて共同の洪水予報をしなければならないものとすること．（水防法第 11 条の 2，法第 14 条の 2 第 3 項関係）

      　また，水防に関する必要な専門的知識は国土交通大臣に技術的助言を求めなければならないものとすること．（法第 14 条の 2 第 4 項関係）

   (2) 令和 4 年 1 月トンガ諸島で大規模な火山噴火が発生し，日本において過去に例がない気圧波により潮位変化し船舶が転覆し被害が生じた．これを踏まえ，水象の定義を変更し，気象庁の業務に加えること．（法第 2 条第 3 項関係）

2. 民間予報業務許可事業者による予報の高度化
   (1) 気象の予測結果により予測が可能な土砂崩れ・高潮・波浪・洪水の予報業務（気象関連現象予報業務）の許可について，コンピュータシミュレーションによる最新の予測技術による許可基準を設けるものとすること．（法第 17 条第 2 項，第 18 条第 1 項第 6 号関係）

      　自ら気象の予測をしない民間予報業務許可事業者は，気象予報士の設置義務を要しないとすること．（法第 19 条の 2 関係）

      　土砂崩れ，洪水の予報業務の許可をしようとする場合は，砂防・水防を所管する国土交通大臣に協議しなければならないものとすること．（法第 18 条第 3 項関係）

   (2) 防災に関連して，噴火，火山ガスの放出，土砂崩れ，津波，高潮，洪水の予報業務（特定予報業務）の許可事業者は，特定予報業務を利用しようとする者に利用の留意事項についての説明義務を負うものとすること．これらの現象は社会的影響が特に大きいことから，気象庁の予報等との防災上の混乱を防止するためである．（法第 19 条の 3 関係）

気象庁以外の者の警報の制限の対象に，土砂崩れその他の気象に密接に関連する地面及び地中の諸現象を追加すること．（法第23条関係）

(3) 予報の精度向上を図るため，気象庁が行った観測の正確な実施に支障がないと気象庁長官が確認した場合は，検定済みでない気象測器を予報業務許可事業者が補完的に用いることができるとすること．（法第9条第2項関係）

3. 公布は令和5年5月31日．施行は上記1.(1)は公布即施行．それ以外は令和5年11月30日．

─最近の学科試験の出題傾向─

最近（ここ10数回）の出題傾向に大きな変化はなく，全体として基本的でオーソドックスな設問がほとんどである．同様の設問が繰り返し出題されるので，数年程度の過去問をしっかり勉強していれば，合格レベル（概ね11問以上の正解）に達するのはそれほど難しくはない．

学科・一般知識に関する設問は，15問中，11問が気象学の基礎知識，残り4問が法令を中心とする気象業務に関連する設問になっており，試験科目の出題範囲全般にわたって出題されている．多少の応用問題も，基本事項をしっかり理解していれば十分に対応できる．かなり専門的な内容の出題がされることもあるが，問題文の中にヒントが隠されていたり，簡単な考察で選択肢を減らすことができる場合もあるので，あきらめずに対応したい．

気象学の基礎知識では，(1) 地球大気の鉛直構造，(2) 大気の熱力学過程および大気の安定性，(3) 大気力学，(4) 雲の生成および降水過程，(5) 放射過程，(6) メソ気象現象，(7) 総観気象および大規模循環，(8) 中層大気（成層圏，中間圏），(9) 気候変動および地球温暖化，などとなっている．

重点分野は熱力学と力学で，それぞれ毎回2〜3題出題されている．**熱力学**では，大気の静的安定性，湿潤空気および乾燥空気，温位・相当温位等の特性や保存性，フェーンに伴う気温変化などが多く出題される．湿球温度（第59回問2）や対流不安定（第48回問3）のように，あまりなじみのない事項やかなり高度な設問も出されることがある．

力学では，地衡風，傾度風そして温度風の出題頻度は非常に高く，ほぼ毎回どれかが出題される．地衡風の地表面摩擦の影響（第59回問6）や緯度による変化（第61回問7），質量保存（第61回問6）や渦度に関する事項もしばしば出題される．静力学平衡も頻出されるが，第60回問3，問8のように不適切な設問が出されるのは残念である．言わずもがなであるが，出題にあたっては十分に精査をお願いしたい．

熱力学や力学では，**計算問題**や数式表現を導く設問も毎回1題か2題出題される．計算問題は基本的なものが多く，概算でも求められるよう選択肢が工夫されていたり，定性的な考察で比較的容易に選択肢を減らせたり正解を導ける設問（第53回問9，第58回問2）もある．ただ，まずは他の設問を優先したほうが無難かもしれない．数式表現を問う設問も，時々出される（第46回問3，第50回問3）．数式そのものが設問になっていなくても，知っていると楽に解けるものも多い．状態方程式や静力学平衡の式，コリオリ力などの基本的な数式は，その持つ意味も含めて理解しておきたい．

その他の分野は，概ね毎回1題である．**地球大気の鉛直構造**では，温度や風，オゾンなどの大気成分の鉛直分布，対流圏から熱圏・電離層までの大気区分に関する設問，**降水過程**では，雲や

12

雨滴の形成・成長，氷晶核・凝結核とエーロゾルの役割などが主である．**放射**では，太陽放射や大気放射についての基本知識，大気による散乱・吸収，雲や水蒸気の効果，地表面での放射収支と地表面温度との関係などである．

メソ気象現象では，積乱雲に伴う激しい気象現象に関する出題が多い．マルチセルなどのメソ対流系，竜巻・ダウンバースト・ガストフロント，線状降水帯などについて，基本的な事項を理解しておく必要がある．バックビルディング（第50回）のように社会的に話題になった現象が出題されることもあるので要注意である．また，海陸風（第58回）や晴れた日の大気境界層（第44, 55回）など，災害とは直結しない現象についても，一般及び専門知識の設問として出されることがある．

総観気象では，温帯低気圧の特性，特に傾圧不安定に関するものが第56, 59回など頻繁に出題される．また大規模循環では，ハドレー循環などの子午面循環（第52, 53回）や，大気や海洋による熱の南北輸送等（第55, 57, 61回）もよく出される．ブロッキング高気圧（第58回）が出題されることもある．

中層大気（成層圏および中間圏）に関する設問もほぼ毎回出される．大気の温度分布と循環（温度風の関係），オゾンの生成と輸送，オゾンホール，プラネタリー波の伝播，突然昇温など，概ね出題パターンは決まっている．**気候変動や地球温暖化**では，エルニーニョ・ラニーニャ，大気や海洋の温度の長期変化，二酸化炭素などの温室効果ガスといった基本的な設問である．

関連法令については，気象予報士の業務にとって基本的な知識を問うものがほとんどである．正誤の組み合わせの出題形式が多く，数年間の過去問を解くことでかなりの正答が期待できる．ここで点数を稼げるかが合格の大きなポイントになるので，敬遠せずに取り組むことが重要である．主な出題範囲としては，(1) 予報業務の許可・変更認可，(2) 気象予報士の業務・人数，(3) 警報・特別警報，(4) 予報士の登録・欠格等，(5) 気象庁への報告・届け出，(6) 観測における技術上の基準・届け出，(7) 罰則，(8) 災害対策基本法・水防法などである．

学科・専門知識は，全体的には基本的な問題が多く，かつ繰り返し出題されるので，ここでも過去問対策は非常に有効である．一方，新規業務についても導入後の比較的早い段階で，設問として取り上げられている．特別警報（第51回問13），表面雨量指数（第52回問13，第54回問13），推計気象分布（第57回問2），危険度分布（キキクル，第59回問13）などである．気象庁HPの「新着情報」には常に注目しておく必要がある．本書の補遺にも最新の業務改善に関する情報を載せているので参考にしていただきたい．

かなり専門的な知識を問う設問も時として出題される．その中には第53回問4（数値予報のCFL条件）のように基本的な知識や理解があれば正解できるものもあるが，第50回問9の混合層や粗度，第53回問2のブリューワー分光光度計やシーロメーター，第53回問15のユーラシアパターンや北極振動など，専門的なものもある．気象予報士の資格を問う試験であるので，あまり特定分野に深入りせず，できるかぎり基本的でオーソドックスな設問が望まれる．

分野ごとに見ると，(1) 気象観測，(2) 数値予報，(3) 気象衛星観測，(4) 総観気象，(5) 中小規模現象，(6) 台風，(7) 気象災害，(8) 週間天気予報，(9) 予報の評価，(10) 警報等の防災気象情報および指数 (11) 降水短時間予報等，(12) 季節予報となっている．

気象観測は毎回，概ね3題出される．主として，地上気象観測，高層気象観測（ラジオゾンデ

およびウィンドプロファイラ），気象ドップラーレーダー観測である．これらは，気象庁 HP の「知識・解説」にある「気象観測」や「気象観測ガイドブック」で基本的な事項は押さえておく必要がある．地上気象観測では，観測装置の原理や設置環境に関わる設問が多いが，平均風速と瞬間風速に関するものも時々出題される（第 53 回や第 58 回）．その他，日射観測（第 61 回）や大気現象の観測（第 47 回）など，あまり馴染みのない設問もあるが，出題頻度も低いので，あまり神経質にならずにわかる範囲で臨めばよい．

　高層観測やレーダーに関しては，観測の原理に関する設問が主であるが，観測された平面図や鉛直分布などと天気図や台風経路との関係などを問う設問も頻繁に出されるようになっている（第 52 回，第 56 回，第 58 回）．単なる観測装置の知識だけでなく気象学全般にわたる知識と理解も必要で，実技試験にも通じる予報技術との関連が強い設問となっている．

　数値予報に関する設問は概ね 3 題で，数値予報技術，客観解析（データ同化），数値予報モデルの概要，数値予報プロダクト，天気予報ガイダンスなどである．常に最新の技術開発の状況を把握しておく必要がある．4 次元変分法（第 49 回問 4，第 59 回問 5）や大気海洋結合モデル（第 57 回問 6）など，かなり高度な内容の設問も出されることがある．数値予報技術に関し，運動方程式（第 52 回問 4）や物理過程（第 46 回問 5，第 51 回問 4）など多く出される．アンサンブル予報については，その原理に加えて，スプレッド・スキルの関係（第 54 回問 5，第 61 回問 5）や週間予報支援図（第 47 回問 11）などもしばしば出題される．**天気予報ガイダンス**については，カルマンフィルタやニューラルネットワークの原理や特性は当然知っておくべき必須事項である．また，ランダム誤差や系統誤差に関連する設問が頻繁に出題されており（第 58 回，第 59 回など），基本的な考え方を理解しておく必要がある．なお，「令和 4 年度数値予報解説資料集」に数値予報の基礎知識と現行数値予報モデルの概要が詳しく解説されている．

　気象衛星観測に関わる設問は必ず 1 題出題される．気象衛星ひまわりの観測測器に関する設問もあるが，衛星画像（可視，赤外，水蒸気）の見方や雲の判別，気象現象との関連などを問うものが多い．本解説書や気象衛星センター HP などで基本的な知識を習得するとともに，日頃から衛星画像に慣れ親しむことも重要である．

　総観気象については，高気圧・低気圧や前線の特徴を問う設問がほぼ毎回出題される．寒冷低気圧についても，第 53 回問 7 や第 57 回問 7 など結構な頻度で出される．また，500hPa の数値予報天気図から地上低気圧や天気現象を読み取る，実技試験のような設問（第 47 回問 9）も出題されることがある．

　中小規模現象の設問の多くは，積乱雲を伴う激しい現象（豪雨，雷，竜巻，ダウンバースト，ガストフロント）である．竜巻やダウンバーストなどの突風については，現象そのものの理解に加えて，被害の特徴（第 52 回，58 回）についても把握しておく必要がある．

　台風もほぼ毎回出題される．台風の風や温度構造などの気象特性，海面水温との関係，台風情報（予報円・暴風警戒域等），高潮等の台風災害や全般海上警報など，同様の設問が繰り返し出題される．風向変化と台風経路との関係も理解しておきたい（第 59 回問 10）．

　週間天気予報は，週間予報支援図（アンサンブル）の見方（第 46 回，47 回）や，週間天気予報の予報要素・予報区域，信頼度（第 48 回）など時々出題される．また，早期注意情報（警報級

の可能性）に関する設問（第55回）も出題されている.

　　予報の評価に関する設問も，ほぼ毎回出題される．特に難しい問題はなく，本書の補遺に掲載した基本的な指標をしっかり勉強していれば十分である.

　　警報・特別警報等の**防災気象情報**や危険度分布（キキクル）および各指数（土壌雨量指数，表面雨量指数，流域雨量指数），これらの発表を支える各種解析・予測資料（解析雨量，降水短時間予報，高解像度降水ナウキャスト，竜巻発生確度ナウキャストなど）に関する設問は，毎回1，2題出される．特に，新しい技術やプロダクトに関する設問も多いので注意が必要である.

　　最後に，**季節予報**も毎回1題出される．月平均の海面気圧や500hPaの高度場とその平年偏差から天候の特徴などを問う設問が最も多いが，流線関数と天候との関係（第61回）や確率表現の意味（第47，51回），エルニーニョなどの海洋との関連（第48，53回）も要注意である.

実技試験への取り組み方と勉強の仕方

（1）実技試験の目的

　実技試験は，気象予報士が予報業務を中心とする仕事を行うにあたって必要な，基本的な知識，技能を問うもので，その試験科目は6頁に示されているように，

① 気象概況及びその変動の把握
② 局地的な気象の予想
③ 台風等緊急時における対応

の主要な3本柱から成り立っている．これらは，気象庁の予報官が行う天気予報作業（19頁，参考図1）に準じた構成になっているが，気象予報士の場合は気象庁が発表する各種資料や情報，天気予報，注意報・警報を正しく理解し，解釈して，予報利用者の求めに応じた情報を作成し，気象庁の発表する警報等と自らの発表する予報等の情報との整合性が図れることが求められている．したがって，実技試験はこうした要請に沿った設問が出題されている．この「何のために実技試験が行われるのか」ということをしっかり確認しておきたい.

（2）実技試験にどう取り組むか

　実技試験は，75分という限られた時間内に各種天気図・解析図・予想図等の図表類の大量な資料を使いこなして解答しなければならない．じっくり考えれば，正しい答えが出せるというのは，通用しない．なぜなら，天気予報や各種気象情報は的確性と迅速性が要求されるからである.

　　それでは，実技試験をクリアーするためには，どのような勉強をしていけばよいか.

　　気象予報士試験は学科試験と実技試験よりなり，学科試験が合格点に達して，初めて実技試験の採点がなされ，その結果によって合否が決まるというシステムになっている．つまり，実技は学科の知識が土台で，それが総合したものであり，学科の応用・実用編である．このことから，学科試験に合格できる能力を有するかまたはそれに足る能力を有する力を持っていなければならない．その意味からすれば，まずは学科試験をクリアーし，その上で，実技試験に挑戦・合格を勝ち取るという2段構

えが，着実・堅実な方法で，結果的には最も近道であるといえる．とは言っても，実技試験の実態を知っておくことも大事なので，一般的には，一応の気象学や気象技術の勉強が終わったら具体的な実技演習に入り，学科での知識が実技でどのように問われているかが学習でき，これを通して学科の知識がより身についたものとなり，ここで生じた疑問や不明な点を，講習会や通信教育を受けて正しながら，学習を進めていくのがよいと思う．

　実技試験の試験科目のポイントは，①実況天気図や予想天気図等の資料を用いた，気象概況，今後の推移，特に注目される現象についての予想上の着眼点等，②予報利用者の求めに応じて局地的な気象予報を実施するうえで必要な，予報資料等を用いた解析・予想の手順等，③台風の接近等，災害の発生が予想される場合に，気象庁の発表する警報等と自らの発表する予報等との整合を図るために注目すべき事項等とある．

　したがって，学習にあたっては，これらのポイントを意識しながら，実技演習に取り組み，合格に足るだけのレベルにまで高めていきたい．

（3）問題に用いられる各種資料と着目点・把握すべき内容

　使用される天気図・解析図・予想図等の各種資料とその着目点，把握すべき内容などを参考表1および2にまとめて示す．

参考表1　各種実況図・解析図の着目点と把握すべき内容（気象庁資料を一部改変）

種類	着目点		把握すべき内容・用途
地上天気図*	気圧配置		じょう乱の種類，位置，強度，移動，前線，天気分布，霧領域
	気圧傾度		強風域
	海上警報		台風・暴風・強風警報，霧警報
高層天気図 客観解析図	300hPa	高度場，風系	トラフ・リッジ，強風軸，合流・分流
	500hPa	高度場，風系 温度場 渦度場	トラフ・リッジ，強風軸，合流・分流 寒気軸・暖気軸，寒気の絶対値 渦度移流，高・低気圧の発達・衰弱 正・負渦度分布，渦度0線，前線帯の動向
	700hPa	高度場，風系 温度場，湿数 鉛直流	トラフ・リッジ，強風軸，合流・分流，収束・発散，じょう乱の検出，暖気移流・寒気移流，湿潤域 上昇流域，下降流域
	850hPa	高度場，風系 温度場，湿数 相当温位場	収束・発散，じょう乱の検出 前線解析，湿潤域の把握，気団，暖気移流・寒気移流 低気圧の発達 前線解析，気団，相当温位移流
気象衛星画像	可視画像 赤外画像	雲の種類 雲パターン	上層雲，中層雲，下層雲，対流雲，霧域 バルジ，線状，帯状，渦状，対流雲列，テーパリングクラウド，ドライスロット，シーラスストリーク，トランスバースライン
	水蒸気画像	輝度温度 暗域，明域	対流雲の発達 上・中層の乾燥域，トラフ，強風軸，上層渦
エマグラム	状態曲線	安定層 湿潤層 安定度	前線性逆転層（等温層，安定層），沈降性逆転層 雲の存在 大気の不安定性の把握（SSI，CAPE，CIN，対流不安定）
	風の鉛直プロフィール		前線通過前後の風向・風速の変化，最大風速の見積 暖気移流・寒気移流

ウィンドプロ ファイラ図	風の水平・鉛直プロフィール	鉛直シアー，水平シアー，前線面・トラフの位置， 暖気移流・寒気移流，降水強度の強弱，乾燥域の流入， 気流の乱れ
レーダー エコー図	エコー分布 エコーの強度 エコーの形状 エコーの立体構造 ドップラー速度 メソサイクロン	降水域の移動，拡大・縮小 降水域の発達・衰弱 線状，帯状，渦状，フックエコー，合流，収束 降水系の組織化，ライフステージの判定 じょう乱（台風，ポーラーロウなど）の中心位置の推定 降水セルの発達・衰弱 上空の風の収束・発散 竜巻発生の可能性
解析雨量図	解析雨量分布	降水極値域，降水ピーク値の把握
アメダス 実況図	降水量 風 気温 日照時間	降水域の移動と強度（面的・時系列的把握） 局地風系，シアーライン，収束線，発散域，局地前線の検出 気温分布，気温変化，降雪域の推定，局地前線の検出 晴天域・曇天域，雲域の広がり，雲量の推定
沿岸波浪図	沿岸波浪実況	等波高線，風向・風速，卓越波向，卓越周期
海面水温図	海面水温実況（日，旬，月）	等値線，暖水域，冷水域
高層断面図	東経130度，140度線にお ける気温，温位，風	鉛直シアー，ジェット気流，圏界面高度，転移層・前線帯

参考表2 数値予報予想図・その他の予想図の着目点と把握すべき内容（気象庁資料を一部改変）

種類	着目点	把握すべき内容・用途
地上気圧・降水量・風予想図[1]	気圧配置，気圧傾度 低気圧，高気圧，前12 時間降水量，海上風	じょう乱の種類，位置，強度，移動，降水 域や降水強度の把握， 海上強風域の把握
500hPa 高度・渦度予想図[1]	高度場，渦度場	トラフ・リッジ，強風軸，合流・分流 正・負渦度分布，渦度0線，渦度移流
500hPa 気温，700hPa 湿数 予想図[1]	温度場 湿数	寒気軸・暖気軸，寒気の絶対値 湿潤域・乾燥域の把握
850hPa 気温・風予想図[1] 700hPa 鉛直 p 速度予想図[1]	温度場，風系 鉛直流	前線解析，気団解析，暖気移流・寒気移流， 低気圧の発達 上昇流域・下降流域の把握
850hPa 風・相当温位予想図[2]	相当温位場，風系	気団，前線解析，高相当温位移流，低相当 温位移流
沿岸波浪予想図[2]	沿岸波浪	等波高線，卓越波向，卓越周期，風向・風 速
台風進路予想図[3]	台風進路予想	台風の中心位置（予報円），中心気圧， 最大風速，最大瞬間風速，暴風警戒域
地上気圧・風・降水量予想図[4]	気圧配置，気圧傾度， 風系，降水量	気圧配置，風，降水量
鉛直断面予想図[2]	特定経度線や2地点を結ぶ 気象要素	気温，相当温位，相対湿度，湿数，風， 鉛直流など
降水短時間予報	1〜15時間先までの降水量	10分毎（1〜6時間先） 1時間毎（7〜15時間先）
降水ナウキャスト	1時間先まで降水の強さ	5分毎の降水強度
雷ナウキャスト	10〜60分先の雷	10分毎の雷の激しさや雷の可能性
竜巻発生確度ナウキャスト	10〜60分先の竜巻の発生 確度	10分毎の竜巻の発生確度

1：12,24,36,48,72 時間予想図，2：12,24,36,48 時間予想図，3：12,24,48,72 時間予想図，
4：3,9,12,15,18,21,24,30 時間予想図

（4）天気図・解析図・予想図等の各種資料の見方・読み方

　天気図・解析図・予想図等の各種資料の見方・読み方については，文末23頁の「気象予報士試験のための参考書」で勉強してほしい．ここでは，個々の資料についてではなく，基本的なポイントに絞って説明する．

（4−1）大規模気象現象をとらえ，小さい気象現象を見る

　天気予報のための気象学や気象技術で最初に学ばなければならないのは，大きな規模の気象現象についての気象学とその特性である．それは，基本的に日々の天気を支配しているからで，具体的には，温帯低気圧，移動性高気圧，ブロッキング高気圧，切離低気圧・寒冷低気圧（寒冷渦），前線，台風などが対象となる気象現象（これを一括して気象擾乱と呼ぶ）である．それを最もビジュアルに表現しているのが，気象衛星画像で，可視画像・赤外画像からは気象擾乱に伴う雲分布を，水蒸気画像からは大規模な大気の流れを見ることができる．次に，これらの気象擾乱は天気図でどのように解析されているかを，地上天気図だけでなく，高層天気図・解析図と対照し，その関係を理解する．その後，大規模現象より小さい現象にも着目する．それは，小さい規模の現象は，大きい規模の現象の中に発生するものであるからである．つまり，大きいところから見ていって対象を次第に絞り，小さい規模の現象が大きい規模の現象のどの部分に位置しているかを確認した上で，大規模現象と小規模現象の関連やそれらの相互作用の知識を動員していくことが大切である．要するに，予報支援資料は大規模な場から順次小規模な場や局地的特徴へと見ていくものであることをしっかり知っておきたい．

（4−2）天気図類は立体的に見る

　高気圧，低気圧，前線，ジェット気流などの気象現象は，一般に3次元の構造を持っている．それゆえ，天気図に見られるこれらの現象は立体的な構造をしているものとして見ることが必要である．たとえば，温帯低気圧の発達には，(1)偏西風帯の気温傾度の大きいところ，(2)渦軸の傾き（実際には，地上低気圧と500hPaの正渦度極大域を結んだ軸），(3)低気圧前面の暖気移流，後面の寒気移流，(4)低気圧前面の温暖域の上昇流，後面の寒冷域の下降流，などが検討の対象になる．しかし，これらを実際の天気図で検討するとなると，たとえば，上層のどの正渦度の極大域が地上の低気圧に対応するか判断しかねることもあり，思わぬ解釈の間違いを起こすこともある．これを防ぐには，単なる棒暗記では駄目で，温帯低気圧がどうして発達するかを理解し，数多くの実例にあたった上で対応させるしかない．

　立体的に見ることに習熟するには，天気図は必ず上下の関係を検討しながら見ることが大切である．これにはいろいろな天気図を重ね合わせてみるのが便利だが，実際にはトレシング・ペーパーを用い，色鉛筆やマーカーペンで色分けしてみると，非常にわかりよい．
さらに，気象衛星画像と重ね合わせてみると，イメージが鮮明に描ける．

（4−3）現象についての知識をもつ

　天気図などの気象資料から，いかなる気象現象が発生・出現かを予想することで，初めて天気予報を出すことができる．そのためには，気象学の基礎知識だけでなく，気象現象についての知識が必要

不可欠で，その発生原因を含めた力学的な機構を知ることである．たとえば，低気圧の発達は，傾圧不安定論の基本的な知識が必要で，大雨の予報には積乱雲の発達の力学的機構を理解していなければならない．つまり，学科の一般知識で学んだ気象学をベースに，専門知識で学んだ知識を駆使して，気象現象を解明・解釈しようというものである．大きい規模の現象を理解できたら，次にはメソスケール現象と天気との関係を知る．それには，気象衛星，気象レーダー，アメダスなど地上データ，ウィンドプロファイラなど高層データなどいろいろな観測資料が用いられる．気象予報士試験では，これらのデータの時系列図や立体図により，メソスケール現象を解明させる手法が用いられることが多い．たとえば，アメダスによる風・気温・降水量などの時系列図から，前線の通過時や通過前後の気象要素の変化を解明する．さらに，気象レーダーやウィンドプロファイラなどの観測データも組み合わせてみれば，より多角的に解明することができる．

　天気予報は短い時間内に結論を出さなければならないので，作業時間はできるだけ短縮して，しかも本質を間違いない捉え方をする必要があるので，現象についての知識がしっかり身についていないと実際の予報はできない．これには，23頁の「気象予報士試験のための参考書」の⑤や⑦などによる学習も効果的と思われる．

（5）実技試験問題の構成

　気象予報士に求められるのは，終局的には本職の予報官と本質的には同じ技術レベルと考えられ，気象予報士試験はその技術レベルを有するかどうかを問われるものである．

　したがって，本職の予報官が行っている予報作業手順と基本的に同じものを習得しておく必要がある．実技試験の問題は，主テーマ（たとえば，南岸低気圧，梅雨前線，台風など）を中心としたストーリー展開によって設問が構成されており，そのストーリー展開は予報作業手順の流れを背景としている．参考図1に予報作業手順における気象予測（天気予報）のシナリオ作成から予報警報作業に至るステップを示す．

ステップ1：実況解析・監視

　予報作業における最も基本的かつ重要な部分で，地上天気図，高層天気図・解析図，気象衛星画像，レーダーエコー図等を用いて，着目すべき気象じょう乱や重要な気象現象は何かについて，複合的・立体的に捉える．このステップ1に相当する実況解析・監視は，初期状況についての検討で，気象概況として，実技試験の最初の設問の定番となっている．

　ただし，実際の予報作業では，実況解析だけでなく，実況をさかのぼって過去からの経過と前回イニシアルの数値予報やガイダンスの予測との比較，評価し，それらの原因を考察するが，実技試験ではこのステップについては問われていない．

ステップ2：予報（数値予報，ガイダンス資料の解釈）

　数値予報予想図や天気予報ガイダンスなどによって，将来の状況を予想する．実技試験では，実況（初期値）から着目する気象じょう乱や気象現象がどのように変化（移動，発達・衰弱）について問われる．

ステップ3：総観気象に関する知見

　実況経過と予測資料から天気現象の変化をみるもので，前記「(4－3) 現象についての知識をも

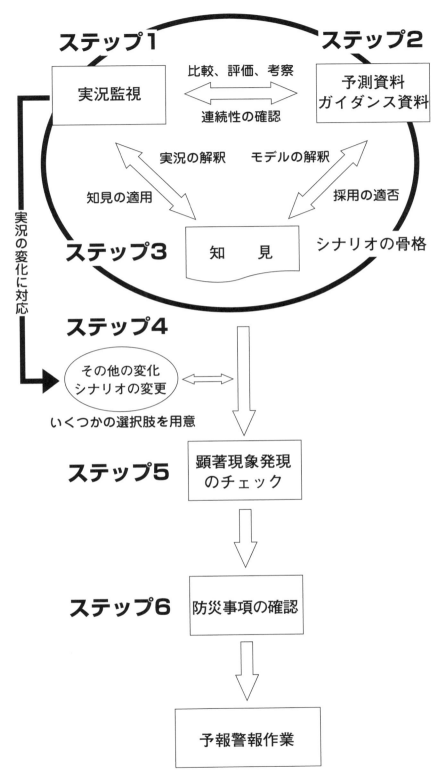

参考図 1　気象予測のシナリオの作成から予報警報作業に至るステップ
（気象庁提供，23 頁「気象予報士試験のための参考書」の⑨）

つ」で述べた知見がベースになる．実技試験では，各予報ステージに対する予想図から気温・風・天気などの気象要素を解釈する設問として設定される．

通常は，ステップ2とステップ3は合わせて問われることが多く，気象じょう乱や気象現象の変化に伴い，天気現象がどのように変化するかについて問われる．ステップ2とステップ3は実技試験のメインの部分で，天気予報の根幹をなす温帯低気圧，台風，寒冷低気圧，梅雨前線などの気象じょう乱の機構・構造の変化や天気現象の変化などを理解しているかが試される．

ステップ4：シナリオの変更，その他の変化についての検討

ステップ3までで気象予測のシナリオの骨格は出来上がっているが，実況経過や予測資料から予想できない急激な変化や大きな変化が現れた場合には，いくつかの選択肢を用意することによって，対応する．実技試験では，このレベルに関する設問は想定されない．

ステップ5：顕著現象の発現のチェック

想定した天気現象の経過に伴って予想される顕著現象をチェックする．現象の発現の時刻，場所，現象の程度（強度），継続時間，変化傾向について検討し，予想される気象災害を特定して，時間的な経過も考え注意報や警報の発表時期などをシナリオに加える．気象予報士は注意報や警報の発表に関わることはないが，第33回実技1では，大雨に関する注意報・警報の発表基準と発表実施の経過について取り上げられている．

ステップ6：防災事項の確認

実況および予測資料から予想される顕著現象によって発災の恐れがある気象災害の形態や程度を考慮し，防災事項を確認する．実技試験では，ステップ5と関連させ，予想される顕著現象とそれに伴って発生する恐れのある気象災害，防災事項，注意報・警報との関連などを問う設問がほぼ毎回出題されている．

（6）実技試験の特徴を知る

実技試験は，限られた時間（75分）内に天気予報をするために必要な実務的な知識と技能を有しているかどうかを問われるものである．

そのための対策のポイントは，次のとおりである．

(1) 問題の主要テーマと，予報作業の流れのストーリー展開としての設問を見極める．

日本付近の天気を支配する代表的・典型的なじょう乱（参考表3に示す約10例）の構造・機構およびそれに伴う天気現象をしっかり理解しておかなければならない．これらのじょう乱がどのように変化（移動，発達・衰弱）し，それに伴い天気現象はどのように変わるのかがストーリー展開され，設問として問われる．

(2) 解答にあたっては，以下のことに留意する．

①バランスよく解答できること．問題には，ストーリー性があるので，順に解答することが望ましいが，解答に窮する設問は後回しにして，時間内にすべての問題に対処できるように時間配分に考慮する．後半に安易な問題が出題されている傾向がある．

②問題を丁寧に読むこと．問題文の中に解答のための着目点やヒントが含まれていることが多いので，出題者が何を問わんとしているかを推測し，問題に取り組む．

参考表3　第1〜最近までの実技試験の主テーマ

種別	出題頻度
温帯低気圧	約51%
南岸低気圧	17%
日本海低気圧	20%
二つ玉低気圧	13%
台風	約16%
梅雨前線	約12%
寒冷低気圧	約9%
冬型	約5%
ポーラーロウ	約4%
北東気流	約2%
太平洋高気圧	約1%

③実況と予報の資料から，正しい気象状態と今後の推移についての状況判断ができ，天気概況や予報文が書けること．

④与えられた資料の正しい見方，読み取り方ができること．どの資料（図表）に基づいて，何を解答するのかを見極めること．

⑤設問が要求している指定字数の枠内で，適切なキーワードを使って，論理的で簡潔な文章にまとめることができる．問われていないことや余分なことは書かない．

⑥計算問題が正しく解ける．単位や有効数字にも留意する．

⑦穴埋め問題に適切に解答できる．（　）内に単位や用語が入っている場合と入っていない場合があるので気をつける．たとえば，（15℃）の場合と（15）℃の場合や（積乱雲）の場合と（積乱）雲の場合．

⑧範囲が指定されて解析（描画）する（たとえば，前線，ジェット気流，シアーライン等を描く）場合は，指定範囲外まで解析（描画）しない．太線か太破線か矢印をつけるのかなども指示に従うこと．

⑨等値線解析（等圧線，等温線などの解析）は，数値や単位（hPa，℃など）をつけることを忘れないこと．

⑩難問や解答が紛らわしい問題にはあまり深入りせずに，できる問題ややさしい問題で決してミスをしないように留意する．

(7) 実技試験を突破するには

学科試験は合格しても，実技試験に合格できないいわゆる実技の壁を突破することが難しい人が多いが，これを克服するにはどうすればよいか．

(1) 実技試験の内容は，学科試験のように個別の知識を問われるものではなく，学科試験特に専門知識の各部門の知識を総合し，ストーリー化されたものである．つまり，1つの気象現象を多角的に捉えてみる能力を養わなければならない．それには，学科が合格レベルであるだけでは，不十分で，机上の学科の知識ではなく，気象現象をどのような切り口で解明しようとしているのか

を即座に見抜く技能を有するかである．したがって，反射神経的に対応できる能力が要求される．その意味で，まずは，一般知識をもとに専門知識の学習をくまなく，しっかり学習しておくことが肝心で，その上で，これらの知識を縦横に駆使して実用・応用化した総合力を身につけていく．

(2) 学科で学んだ一般知識・専門知識をベースにして，実技の基礎である各種気象観測実況図，各種天気図・解析図・予想図等の気象要素や種々の気象現象の見方・読み方・描き方，天気予報上重要なじょう乱（温帯低気圧，寒冷低気圧，ポーラーロウ，台風，梅雨前線などの大〜中間規模現象）の構造やライフサイクル（発生・発達・衰弱の一生）およびそれに伴う気象現象についてしっかり学習する．また，顕著現象（集中豪雨，竜巻など）をもたらす中小規模（メソβ，γ）現象について，その発生・発達の環境場やその構造についてもしっかり理解する．中小規模現象について，局地天気図，ウィンド・プロファイラ図，レーダー合成図，気象衛星画像（新たに出力されるようになった高頻度雲頂強調画像）などの時系列図や鉛直断面図を，小規模現象では，降水・雷・竜巻発生ナウキャストなどの時空間スケールの小さい予想図を解釈できるように学習しなければならない．

(3) 学科試験も同じであるが，実技試験は特に時間との勝負で，多くの図表類を駆使して，最後の設問まで，時間内で解きつくさなければならない．じっくり時間をかければ解けるという姿勢は通用しない．設問に即座に対応することは，なかなか難しい．これには，実戦に即した実技の演習問題にしっかり取り組んでいくとよい．ここ数年の過去問題をやると，最近の出題傾向や出題形式なども知ることができ，有効的・効率的である．気象業務の変遷に応じて実技試験で取り扱われる資料や出題内容も変わってくるので，最近（ここ5，6年）の過去問題を主体に取り組んでみるとよい．大事なことは，問題を眼で追い，答を想定するだけでなく，実際に頭をめぐらせ，手を動かして，解いていくことである．解答例と見比べて，ピントはずれの解答になっていないか，必要なキーワードが抜けていないか，問われていないことや余分なことを答えていないかなどを，自らチェックしながら理解し学習を進めていく．解答例をみて，棒暗記的な解答は，全く実力がつかない．どのように答えればよいか直感的反応ができ，万全の体勢で試験に臨めるまでしっかり演習問題を通じて訓練する．慣れてきたら，制限時間（たとえば，過去問題をやる場合には，本番並の75分）を設けて解答する訓練も必要である．

(4) 机上の学習だけでなく，毎日の天気変化に関心をもつ習慣を身につけるとよい．雨が降っているのはなぜか．気温が低いのはなぜか．風が強いのはなぜか…等々，日常的に気象現象に関心をもち，問題意識をもち，テレビや新聞の天気図や気象衛星画像などを見ながら，自分なりに答えを出してみる．インターネットで気象庁や気象会社のホームページの天気図，アメダス，気象衛星画像，レーダー画像，ウィンドプロファイラ図などの実況図の他に，予想図にもふれて気象情報やデータに慣れ親しむ．これらをもとに，天気概況や天気予報を考え，作成してみる．そして，実際の天気と自分で予想した天気を後で検証してみる．テレビの気象番組や新聞の天気に関する記事など，中でも異常気象や気象災害をもたらす激しい気象現象に対しては高い関心をもつようにする．また，気象庁のホームページには，新規・改善業務が掲載されるので，業務内容の変遷についてもしっかり追随できるように心がけるとよい．

気象予報士試験のための参考書

①下山紀夫：増補改訂新装版　気象予報のための天気図のみかた．東京堂出版（2023）

②天気予報技術研究会編：新版最新天気予報の技術．東京堂出版（2011）

③気象庁予報部予報課：平成 20 年度まで量的予報研修テキスト，平成 21 年度から 30 年度まで予報技術研修テキストとして発刊される．（一財）気象業務支援センター．

　　平成 24 年度以降のテキストは予報官の研修のために「実例に基づいた予報作業の例」を解説しており，実技試験のよい対策資料となっている（気象庁 HP にも掲載）．

　　平成 30 年度で冊子体は廃止され，それ以降の最新の情報は，「予報技術に関する資料集のページ」（気象庁 HP）に掲載されている．

　　（https://www.jma.go.jp/jma/kishou/know/expert/yohougijutsu.html）

④気象庁予報部数値予報課：数値予報研修テキスト，（一財）気象業務支援センター（気象庁 HP にも掲載）

　　数値予報研修テキストは最新の数値予報モデルの仕様を知るうえで最適な資料であったが，第 52 巻（令和元年度）で冊子体の発行を終了し，令和 2 年度以降はスライド形式の数値予報研修資料集（⑤に記載）として発行されている．「平成 30 年度研修テキスト」および「令和 4 年度数値予報解説資料集」は，数値予報の基礎知識および最新の数値予報システムの詳細な解説がなされており，数値予報に関する基本的な知識はこれらの資料で十分といえる．

・平成 29 年度数値予報研修テキスト「数値予報システム・ガイダンスの改良及び今後の開発計画」（数値予報解説資料（50）），2017 年 11 月

・平成 30 年度数値予報研修テキスト「第 10 世代数値解析予報システムと数値予報の基礎知識」（数値予報解説資料（51）），2018 年 11 月

・令和元年度数値予報研修テキスト「最近の数値予報システムとガイダンスの改良について」（数値予報解説資料（52）），2019 年 12 月

⑤気象庁情報基盤部数値予報課：数値予報解説資料集，気象庁 HP

　　（https://www.jma.go.jp/jma/kishou/books/nwpkaisetu/nwpkaisetu.html）

・令和 2 年度数値予報解説資料集，2021 年 2 月

・令和 3 年度数値予報解説資料集，2022 年 3 月

・令和 4 年度数値予報解説資料集，2023 年 1 月

・令和 5 年度数値予報解説資料集，2024 年 1 月

⑥北畠尚子（気象庁監修）：総観気象学　基礎編，2019 年 3 月，気象庁 HP

最近の実技試験の出題傾向と対策

第45回（平成27年度第2回）から第60回（令和4年度第2回）までの過去8年の16回の実技試験から，最近の出題傾向をみて対策を探ってみる．

この8年間は温帯低気圧（18例），その内，南岸低気圧（9例），日本海低気圧（6例），二つ玉低気圧（4例）など温帯低気圧の発達過程を問うものが最も多い．台風（熱帯低気圧）も7例ある．停滞（梅雨）前線が3例，ポーラーロウ（寒気内小低気圧）が3例あり，寒冷低気圧（寒冷渦）や切離低気圧が4例である．最近は台風や寒冷低気圧，ポーラーロウといった，温帯低気圧以外もある．

温帯低気圧の発達・衰弱過程と移動に関しては最も基本的で重要な課題で，傾圧不安定理論に基づいた設問で狙いどころも変わることはない．気象庁HPにある，総観気象学基礎編は温帯低気圧についてポイントをしっかりつかんだ内容となっているので学習しておきたい．強風軸（ジェット気流）（300hPa，500hPa），500hPaの高度・渦度（トラフ・リッジ）・温度，850hPaの温度・風，相当温位，700hPa鉛直流・湿数などに着目して，暖気上昇・寒気下降に伴う有効位置エネルギーの運動エネルギーへの変換による低気圧の発達・衰弱についてしっかり学習しておきたい．

台風の構造と移動，台風災害などについては定番的な設問だが，第54回実技2，第60回実技2のように台風の温低化について問われることもあるので，台風から温帯低気圧への構造変化について，学習しておきたい．台風の構造は寒冷低気圧の違いと対比させて学習すると，両者のイメージが掴める．

なお，低気圧や台風の移動速度の読み取りは毎回のように出題されている．求める単位が海里の場合もkmの場合もある．速度計算に慣れておく必要がある．

気象概況については穴埋め形式で問う定番スタイルの設問だが，地上，高層天気図，気象衛星画像による初期時刻の実況から，その後の着目すべき現象の変化をみる上で基礎となるものである．地上天気図に含まれる台風情報や全般海上警報の解読，天気記号の各種気象要素の読み取りの問題は，毎回出題されている．第58回実技1では発達する低気圧の記事と全般海上警報の基準値の関係から風速を求める設問もあった．全般海上警報は種類だけではなく基準値も覚えておく必要がある．天気記号の各気象要素は，その意味を理解し，覚えることは必須である．最近は十種雲形や前線の名前を漢字で書くように指示されている．当然ではあるが気象用語は漢字で書けるようにしておかなければならない．

高層天気図解析では，500hPa面でのトラフ（第58回実技1，第59回実技2など），500hPaトラフと地上低気圧の位置関係（第60回実技1），500hPaリッジ（第57回実技1），300hPa面でのジェット気流・強風軸の解析（第56回，第57回実技1など），低気圧の発達過程とジェット気流（500hPa，300hPaの強風軸）やトラフとの関係（第58回，第60回実技2など）の他に，気象衛星画像との対応，強風軸やトラフとの対応（第55回，第59回実技2など）も出題されている．トラフの位置決めについては，しっかり対応できるようにしておきたい．

気象衛星画像解析では，雲形判別及び成因（第52回実技1，2，第58回実技2など）や気象

じょう乱特有の雲パターン，例えば，バルジ（低気圧，前線）（第57回実技1，第58回実技2など），台風（第54回，第60回実技2など），渦（寒冷渦）（第50回，第55回実技2），帯状雲，すじ状雲（冬型）（第46回，第49回実技1），なまこ状雲（第51回実技2）など雲パターンはほぼ毎回出題されている．なお，日本海寒帯気団収束帯（JCPZ）（第59回実技2，第60回実技1など）については，その成因も含めて出題されている，基礎知識として学習しておきたい．

　前線解析では，前線の定義に基づいた解析すなわち850hPa面での密度の異なる2つの気団の境界である等相当温位線集中帯（または等温線集中帯）の南縁を基本に，風のシア，湿潤域，上昇流域なども考慮して，850hPa面での前線を決め，これをベースに地上での気圧の谷，風のシア，降水域なども考慮して地上前線を描くことになる．最近は閉塞前線を含め前線をどこに，どこまで延ばすのか難問が多い．第58回実技2では上空の強風軸をもとに閉塞前線および温暖，寒冷前線の描画が出題された．状態曲線から前線の勾配や前線の幅（第57回実技2，第59回，第60回実技1）を問う設問も最近多く出題されている．勾配を求める設問に慣れておく必要がある．

　レーダーエコー合成図・解析雨量図解析は，強雨域の形状と強さの変化・移動，地上気圧場やシアーラインとの位置関係（第51回，第56回実技2），地上前線対応の帯状エコーと850hPa面の前線との勾配，気象衛星画像との比較（第56回実技1）など種々出題されている．

　エマグラム（状態曲線，高層風プロファイル）解析は，持ち上げ凝結高度，自由対流高度，中立浮力高度（第54回，第60回実技1など），大気の安定度（第49回，第51回実技1など），逆転層，雲頂高度，雲底高度（第55回，第59回実技2），逆転層の種類（第54回実技1，第60回実技2），SSI（第51回実技1，第53回実技2など），転移層（第47回実技2），湿潤層（第49回実技2），融解層高度から雨・雪の判別（第47回実技1），フェーン現象の解明（第50回実技1，第53回実技2），温度風（第51回実技1，第55回実技2），状態曲線による地点の特定（第45回，第49回実技2）などで，状態曲線解析は大気の安定性や大気成層状態を知るには極めて重要で，出題頻度も高いので，しっかり対応できるように学習しておきたい．

　高層風時系列図・ウィンドプロファイラ解析は温暖前線・寒冷前線の通過（第59回，第60回実技1），シアーラインの通過（第48回，第49回実技1），暖気移流・寒気移流や上層・下層の気圧の谷（第50回実技2，第51回実技1），融解層付近の特徴（第54回実技1）を問うている．ウィンドプロファイラは，非降水時は大気分子のブラッグ散乱を捉えるが，降水時は降水粒子のレーリー散乱を捉えるので，降水時は下降流となることに注意したい．降水は，上昇流のある場で生じるが，雨滴（雪片）として落下してくるので，下降流として観測される．

　等値線解析は等圧線解析（第53回，第55回，第56回実技2など）が出題されているが，すでに描画されている等圧線にならって観測値の大小（高低）に沿って内・外挿して解析すればよい．等値線解析には，気圧，気温の他に露点温度，雨量，気圧変化量，風速など種々の物理量についての解析がある．

　局地天気図解析はアメダスの気温，風，降水量，日照時間などを用いた局地気象解析で，気温や風向の変化から局地的な高気圧の形成を推定（第49回，第54回実技1），地上風の収束や気温分布の違いから雨の強弱（第47回実技1），アメダス風の変化から台風の中心（第54回実技

2）を問う問題などが出題されている．

　シアーライン（収束線）解析は，シアーラインの解析（第 57 回，第 59 回実技 2），シアーラインの移動（第 49 回，第 60 回実技 1），シアーラインとレーダーエコー分布との対応（第 52 回，第 56 回実技 2），シアーラインの通過と風・気温などの気象変化（第 48 回実技 2，第 49 回実技 1），日本海寒帯気団収束帯（JPCZ）によるシアーラインの解析（第 46 回実技 2 など），気象衛星赤外画像の帯状雲との位置関係，シアーラインの一つとして扱われている沿岸前線と温暖前線との関係（第 55 回実技 1）などについて問われている．シアーライン，沿岸前線は風の不連続だけでなく，気温や降水とも関連しており，重要な局地気象解析なので，通過に伴う気象変化について理解しておきたい．

　地上観測値時系列図解析は，温暖，寒冷前線通過に伴う各種気象要素の変化（第 52 回実技 2，第 55 回実技 1），ガストフロントの通過（第 53 回実技 2），台風通過に伴う気圧・風・降水量の変化（第 54 回，第 60 回実技 2），ポーラーロウ接近・通過に伴う気圧・風・気温・相対湿度の変化（第 51 回実技 2），低気圧の移動と風向の変化（第 51 回実技 1）について問うている．第 57 回実技 2 では時系列図と記事欄から，現象の時系列を解釈させる設問があった．時系列図は，時間軸の向きが右から左もあれば左から右もあるので，最初に確認が大切である．また，風速の矢羽は国内式なので，国際式（ノット）と異なり，m/s 単位である点も注意したい．

　鉛直断面（予想）図解析は，ほぼ毎回出題されている．気象衛星画像，レーダーエコー図と気温・相当温位・風の鉛直断面図からじょう乱の構造や気流の状況をみる（第 56 回実技 1，第 59 回実技 2 など），低気圧の中心付近や寒冷，温暖前線の鉛直断面図の風・相当温位・気温・相対湿度・鉛直流などから気象状況をみる（第 58 回，第 60 回実技 1 など），寒冷前線の転移層を解析する（第 47 回実技 2），鉛直断面予想図から大気の成層状態をみる（第 55 回実技 2，第 59 回実技 1）などである．鉛直断面（予想）図解析は気象現象の立体構造がイメージできるため，第 60 回実技 1 の地上の気圧の谷などの過去問で学習しておくとよい．

　メソモデル（MSM ガイダンス）と全球モデル（GSM ガイダンス）の予報特性比較は，最近，出題されることが多くなった．GSM ガイダンスと MSM ガイダンスの特性の違い（第 53 回実技 1 など），またガイダンスではないがメソモデルと全球モデルの降水予報精度について比較（第 55 回，第 60 回実技 2 など）が出題されている．モデルの分解能も含めて予報精度や特徴について学習しておく必要がある．ガイダンスによる天気翻訳（第 57 回実技 1），気温・降水量ガイダンスによる雨・雪判別（第 47 回実技 2）なども出題されている．天気予報ガイダンスの種類，ガイダンスの使い方についても学習が必要である（https://www.jma.go.jp/jma/kishou/minkan/koushu170615/shiryou2.pdf）．

　波浪解析は，第 58 回実技 2 では，ブレットシュナイダーの風浪の関係式に基づく風浪推算図から波高，吹走距離を求める出題があった．風浪推算図については以下のページで確認して欲しい（https://www.jma.go.jp/jma/kishou/books/sokkou/78/vol78p185.pdf）．海域の状態を表現する波高階級（例えば，しける：波高 4m 以上 6m まで）は覚えておく必要がある．第 58 回実技 1 では高潮が問われた．「高潮モデルとその利用」（https://www.jma.go.jp/jma/kishou/minkan/koushu191209/shiryou3.pdf）も確認が必要である．

　最近の問題をみていると，気象業務が改善・変更されると，間をおかずに予報士試験問題に取り込まれているので，気象庁HPなどを常に注視しておく必要がある．表面雨量指数は，短時間強雨による浸水危険度の高まりを把握するための指標として平成29年から導入されたが，流量を求める設問（第53回実技1）が早くもあった．第55回実技2では，大雨害と土壌，表面，流域雨量指数の関係が出題されている．2021年3月に気象庁は「危険度分布」の愛称を「キキクル」に決定した．大雨警報（土砂災害）の危険度分布⇒土砂キキクル，大雨警報（浸水害）の危険度分布⇒浸水キキクル，洪水警報の危険度分布⇒洪水キキクル，これらについては表示方法も含め覚えておいてほしい．第59回実技1では，土砂災害の危険度分布（キキクル）が問われた．

　また，大雨・大雪・暴風・暴風雪・高潮・波浪の6つの警報および台風については特別警報が発表されるので，特別警報が発表された場合には，これに関連した問題がターゲットになることが想定される．気象庁HPの「災害をもたらした気象事例」の最近の事例を見ておくとよい．

　雨雪判別は，地上付近の気温と相対湿度によって決まる．雪が落下中に融けて雨となる場合は，大雨注意報・警報の基準には達しないが，降水量に換算すれば多くなくても降雪，積雪となると，交通障害，路面の凍結，電線着雪，落雪事故，融雪，雪崩など種々の災害をもたらす．このため，雨雪判別は非常に微妙かつ大事で，予報者を悩ますテーマである．降雪量と降水量の比である雪水比（cm/mm）および融雪相当水量（第54回，第55回実技1）が出題された．

　第56回実技2では，台風予想図の台風位置が数値予報天気図の位置と異なる理由を問う出題があった．数値予報天気図が中心の予報に対してその修正にも係わる出題である．注目しておきたい．

　なお，第55回実技1，第57回実技2では大気現象の記事の読み取りが出題された．大気現象の記号や記事のとり方を覚えるために，気象庁HPの「天気欄と記事欄の記号の説明」を見ていただきたい．（https://www.data.jma.go.jp/obd/stats/data/mdrr/man/tenki_kigou.html）

　なお，第60回実技2では発達した積乱雲付近の災害を伴うことが多い大気現象が問われた．積乱雲付近の対象になる災害に「落雷」があるが，大気現象としては「雷電」になる．気象庁HPの「天気欄と記事欄の記号の説明」の「天気」と「大気現象」の違いを確認して欲しい．（https://www.data.jma.go.jp/obd/stats/data/mdrr/man/tenki_kigou.html）

合格基準について

　気象庁・一般財団法人気象業務支援センターは，平成14年5月17日に6頁に示した合格基準を公表した．また，そこに示した最近の試験後発表された平均点によって調整された各合格基準をみると，実技試験の成績分布に応じた調整もなされている．これは，本試験の透明性を一層高めるものとして歓迎すべき処置である．また，第22回から実技試験の各設問の配点が公表されるようになったが，これも受験者の自己採点を容易にするものとして歓迎される．

　学科試験に関しては，気象業務支援センター発表の解答と照合した自己採点によって，これまでも推察されてきたとおりである．これからは，限られた時間の中で，自分が得意とする解きやすいものや，重点の置かれている分野で確実に正解するように，メリハリのきいた試験対策が望まれる．

28

　実技試験に関しては，気象業務支援センター発表の解答例が文章で示されているような設問の場合，キーワードが必要な数だけ解答の中に含まれ，論理の通った文章になっていれば，かなりの得点が得られるものと想像されるが，文章表現の評価については依然不明である．「総得点が満点の70％以上」という合格基準が示されているものの，実技試験のような文章による解答を含むものの「満点」とはどういう状況をいうのか，また「減点基準」はどうなっているのか，「定性的」な解答に対する「定量的」な評価について，今後，一層の情報公開を望みたい．そして，受験者に余計な負担をかけないような配慮が望まれる．

自己採点について

　気象業務支援センターでは，実技試験の採点の仕方を公表していないが，次のようなことを目安にすれば，解答例を参考にある程度自分の試験結果の出来不出来が判断できるものと思う．

　○解答の形式には，解析，記述（文章），用語（名称），空欄の穴埋めなどいろいろあるが，解答と同時に発表される配点をみると，配点の多少も概ねこの順序である．解析の配点は比較的多く，記述（文章）形式の解答では，解答例にポイントとなることがら（キーワード）の数の多いもの，すなわち一般的には解答字数の指定の多いものが配点が多いと考えてよいであろう．また，記述（文章）形式の解答では，キーワードがどれだけ書かれているか，論理性があるか，結論が正しいかなどがキーポイントとなるであろう．指定字数についてはあまり神経質になる必要はないが，題意に対し過不足なく記述すれば，概ね指定字数に近くなるはずである．あまり長すぎるのは，余分なことを書いているおそれがあり，極端に短い場合は，必要なことを書いていないおそれがある．指定字数のプラス・マイナス5字ぐらいを目安にしたい．穴埋め問題は，1つ1点が目安である．

　なお，気象業務支援センターによると，図表から数値を読み取る問題（例：エマグラム上でSSI）や，天気図上で前線の位置を示す問題などでは，読み取り誤差等を考慮し，適切な幅の許容範囲を設けているとのことである（個々の問題の許容幅については公表しないとしている）．また，用語（名称）についても，解答例と同一でなくとも同じ概念を示していると認められるもの（例：対流性の雲と対流雲，しゅう雨とにわか雨など）については正解（または準正解）として扱っているとのことである．しかし，寒冷前線を寒フレというような普遍性のない省略はしない方がよいと思われる．なるべく，問題に用いられている用語や名称を用いて解答したい．蛇足になるが，くれぐれも自分の知識をひけらかすような書き過ぎを避け，また設問と喧嘩して自己主張せず，素直に簡潔な表現で答えたい．

　誤字・脱字については，原則として誤字・脱字そのものを減点対象とはしないが，そのために解答内容が正確（解答者の意図したとおり）に表現されず，結果的に減点となることはあり得るとのことである．

［補　遺］

最近の予報業務・数値予報業務の改善の動向

　近年増加している激しい気象現象の発生に対する防災情報の拡充，特に人的被害を少なくするための社会のニーズの高まりに応えて，気象庁はこのたび「特別警報」を新設した．今夏，いくつかの事例で"「これまで経験したことのないような大雨」が予想されるので，直ちに生命を守るために行動して欲しい"と警告した気象庁は，既に特別警報を念頭においていたと考えられるが，2013 年（平成 25 年）8 月 30 日から運用を開始した．その背景には，最近の予報技術や数値予報の顕著な進展がある．こうした「新しい天気予報技術」が開発され，業務化されて新しい予報プロダクトが予報現場に行きわたると，その数年後には必然的に気象予報士試験に反映されてくる．学科試験はもとより，実技試験においても新しい予報プロダクトを用いた設問が出題されることになる．

1．特別警報の新設とその運用開始

①特別警報とは

　気象庁はこれまで，大雨，地震，津波，高潮などにより重大な災害の起こるおそれがある時に，警報を発表して警戒を呼びかけていた．これに加え，今後は，この警報の発表基準をはるかに超える豪雨や大津波等が予想され，重大な災害の危険性が著しく高まっている場合，新たに「特別警報」を発表し，最大限の警戒を呼びかける．

　特別警報が対象とする現象は，18,000 人以上の死者・行方不明者を出した「東日本大震災における大津波」や，わが国の観測史上最高の潮位を記録し，5,000 人以上の死者・行方不明者を出した「伊勢湾台風の高潮」，紀伊半島に甚大な被害をもたらし，100 人近い死者・行方不明者を出した「平成 23 年台風第 12 号の豪雨」等が該当する．

　特別警報が出た場合，われわれの住まいのある地域は，数十年に一度しかないような非常に危険な状況にある．われわれは，周囲の状況や市町村から発表される避難指示・避難勧告などの情報に留意し，ただちに命を守るための行動をとる必要がある．

②特別警報と警報・注意報の関係について（参考図 1）

　特別警報は，警報の発表基準をはるかに超える現象に対して発表される．特別警報の運用開始以降も，警報や注意報は，これまでどおり発表される．特別警報が発表されないからといって，安心は禁物である．大雨等においては，時間を追って段階的に発表される気象情報，注意報，警報や土砂災害警戒判定メッシュ情報等を活用して，早め早めの行動をとることが大切である．

③特別警報の発表基準（参考表 1）

　特別警報の発表基準は，地域の災害対策を担う都道府県知事及び市町村長の意見を聴いて決められる．大雨特別警報については，これまで雨を要因とする基準（台風や集中豪雨により数十年に一度の降雨量となる大雨が予想される場合）と台風等を要因とする基準（数十年に一度の強度の台風や同程度の温帯低気圧により大雨になると予想される場合）の 2 つを用いて発表してきたが，令和 2 年 8

月24日より，雨を要因とする基準に一本化された．そして，台風等を要因とする特別警報の基準は，暴風・高潮・波浪・暴風雪についてのみ用いられることとなった．

大雨，大雪，暴風（暴風雪），高潮，波浪の特別警報の発表に係る指標として，例えば「雨に関する各市町村の50年に一度の値一覧」なども公表されている．

参考図1　特別警報発表にいたる順序（大雨の場合）（気象庁提供）

参考表1　気象等に関する特別警報の発表基準（気象庁HPより）

現象の種類	基　　準	
大　雨	台風や集中豪雨により数十年に一度の降雨量となる大雨が予想される場合	
暴　風	数十年に一度の強度の台風や同程度の温帯低気圧により	暴風が吹くと予想される場合
高　潮		高潮になると予想される場合
波　浪		高波になると予想される場合
暴風雪	数十年に一度の強度の台風と同程度の温帯低気圧により雪を伴う暴風が吹くと予想される場合	
大　雪	数十年に一度の降雪量となる大雪が予想される場合	

（注）発表にあたっては，降水量，積雪量，台風の中心気圧，最大風速などについて過去の災害事例に照らして算出した客観的な指標を設け，これらの実況および予想に基づいて判断をします．

大雨，大雪，暴風（暴風雪），高潮，波浪の特別警報の発表に係る指標として，例えば「雨に関する各市町村の50年に一度の値一覧」なども公表されている．

④特別警報の伝達の流れ

特別警報は，行政機関（自治体）や様々なメディア（報道機関）を通じて住民に伝えられる．われわれは，テレビ，ラジオ，インターネット，広報車，防災無線などで，情報収集に努める必要がある．

⑤特別警報に関するより詳細な資料については（例えば③で述べた特別警報の発表に係る指標についての解説と具体的資料など），気象庁のホームページで，「知識・解説」→「全般」→「特別警報について」を参照してほしい．

2.　突風・落雷に関する気象情報

　気象庁は，平成 19 年（2007 年）度末に「竜巻注意情報」の発表を開始したが，平成 22 年（2010年）5 月から「竜巻発生確度ナウキャスト」・「雷ナウキャスト」を業務化し，当時の「降水ナウキャスト」，平成 26 年（2014 年）8 月から「高解像度降水ナウキャスト」とペアで，突風・落雷・大雨に対するきめ細かい対応の態勢が整ってきた（参考表 2）．

参考表 2　短時間予測情報（ナウキャスト）の種類（気象庁提供）

	竜巻発生確度ナウキャスト	雷ナウキャスト	高解像度降水ナウキャスト
発表間隔	10 分ごとに発表		5 分ごとに発表
予報時間	1 時間先まで予報*		
格子の大きさ	10 キロメートル	1 キロメートル	30 分先まで：250 メートル 35〜60 分先まで：1 キロメートル
用いる資料	気象ドップラーレーダー 数値予報資料	雷監視システム 気象レーダー　気象衛星	気象レーダー 雨量計　高層観測データ
内　　容	竜巻など激しい突風が発生する確度を表す	雷の活動度（雷の可能性及び激しさ）を表す	降水の強さの分布を表す

＊局地的な現象を予報する場合，予報時間が長くなるとともに精度が落ちるため，1 時間先までの予報としています．

　気象庁では，竜巻などの激しい突風や落雷などが予想される場合には，時間経過および突風・落雷の発生可能性に応じて段階的に気象情報を発表している．すなわち，
①予告的な気象情報：発達した低気圧などにより大雨などの災害が予想される場合，通常半日〜1 日程度前に予告的に発表され，竜巻などが予想される場合には注意を呼びかける．
②雷注意報：積乱雲に伴う激しい現象（落雷・ひょう・急な強雨・突風）に対して注意を呼びかけるが，竜巻などが予想される場合には数時間前に「竜巻」を明記して注意を呼びかける．
③竜巻注意情報（参考図 2）：「竜巻発生確度ナウキャスト」で発生確度 2 が現れた県などを対象に発表され，有効期間は発表から 1 時間としている．「竜巻発生確度ナウキャスト」の情報と合わせて利用することにより，竜巻が発生する可能性の高い地域の絞り込みや刻々と変わる状況の変化を詳細に把握することができる．
④竜巻発生確度ナウキャスト：10 分ごとに提供され，発生確度 1 と 2 は「竜巻などの激しい突風が今にも発生しやすい気象状況になっている」ことを意味する．

```
竜巻注意情報
愛知県　竜巻注意情報　第 1 号
平成 20 年 8 月 29 日 01 時 46 分　名古屋地方気象台発表
愛知県では，竜巻発生のおそれがあります．
竜巻は積乱雲に伴って発生します．雷や風か急変するなど積乱雲が近づく兆しがある場合には，
頑丈な建物内に移動する等，安全確保に努めて下さい．
この情報は，29 日 02 時 50 分まで有効です．
```

参考図 2　実際に発表された竜巻注意情報（気象庁提供）

⑤雷ナウキャスト：雷の活動度（雷の激しさや雷の可能性）を4段階で解析・予測し，10分毎に更新して提供する．雷に関する気象情報は，天気予報（予報文中に「大気の状態が不安定」や「雷を伴う」が入る），雷注意報，雷ナウキャストとして提供されている．

3. 大雨及び洪水注意報・警報の新しい基準と改善

大雨及び洪水注意報・警報の基準として，長い間，降水量（1時間，3時間及び24時間雨量）が用いられてきた．しかし，降水量より災害との関係の良い「土壌雨量指数」（降った雨が地中に蓄えられる量を数値化）及び「流域雨量指数」（降った雨が河川に流入する量を数値化）が平成20年5月に導入され，24時間雨量は注意報・警報基準として用いられなくなった．

さらに，平成29年7月より新たに「表面雨量指数」（降った雨が地中に浸み込まず地表面に溜められる量を数値化）を導入した．これにより，注意報・警報基準としてすべて指数が使われることとなった（参考表3参照）．なお，大雨特別警報の基準としては，降水量及び土壌雨量指数が用いられている．

気象予報士が直接注意報や警報を発表することはないが，常にどのようにして注意報・警報が作成されているかの情報を把握しておく必要がある．

参考表3　大雨及び洪水警報・注意報の指標

		指　標	
		平成29年7月以前	平成29年7月以降
大雨警報	（浸水害）	1時間雨量，3時間雨量	表面雨量指数
	（土砂災害）	土壌雨量指数	土壌雨量指数
大雨注意報		1時間雨量，3時間雨量，土壌雨量指数	表面雨量指数，土壌雨量指数
洪水警報・注意報		1時間雨量，3時間雨量，流域雨量指数	流域雨量指数，表面雨量指数

また，平成22年（2010年）5月より防災気象情報の改善の一環として，大雨や洪水などに対する警報・注意報を，個別の市町村を対象区域として（従前は複数の市町村で構成された地域を対象区域としていた）発表することとなった．これに伴い，天気予報ガイダンスもきめ細かなものに改善された．

4. その他の観測業務・予報業務等の改善等

(1) 2024年（令和6年）3月5日に新しいスーパーコンピュータシステムの運用を開始する．この運用開始に合わせ，数値予報モデル（局地モデル）の予報時間を延長するなどの改良をし，本年から開始予定の府県単位での線状降水帯による大雨の半日程度前からの呼びかけの準備を進める．（令和6年2月21日報道発表資料）

(2) 2023年（令和5年）6月26日以降に発生する台風に対して，数値予報技術等の改善を踏まえて，台風進路予報の予報円の大きさ及び暴風警戒域を現在より絞り込んで発表する．（令和5年6月26日報道発表資料）

(3) 2023年（令和5年）6月9日から，エルニーニョ／ラニーニャ現象の監視に使用する海面水温デー

タを，より品質の高いものに更新するとともに，過去のエルニーニョ現象等の発生期間を見直した．
（令和5年6月16日報道発表資料）

(4) 防災に関する情報提供の充実に向けて，国・都道府県が行う洪水等の予報・警報や民間の予報業務の高度化を図るための「気象業務法及び水防法の一部を改正する法律案」が公布された．（令和5年5月31日報道発表資料）

(5) 2023年（令和5年）5月25日から，「顕著な大雨に関する気象情報」について，線状降水帯による大雨の危機感を少しでも早く伝えるため，予測技術を活用し，最大30分程度前倒しして発表する．（令和5年5月12日報道発表資料）

(6) 2023年（令和5年）3月に，全球モデルの水平解像度を20kmから13kmに高解像度化するなど数値予報モデルを改良し，台風や前線に伴う強い降水の予測精度を改善する．（令和5年3月7日報道発表資料）

(7) 2023年（令和5年）3月1日に「線状降水帯スーパーコンピュータ」を稼働開始し，今後の線状降水帯の予測精度の向上及び情報の改善に順次つなげていく．（令和5年2月24日報道発表資料）

(8) 2022年（令和4年）の出水期から，線状降水帯による大雨の半日程度前からの呼びかけ，キキクル（危険度分布）「黒」の新設と「うす紫」と「濃い紫」の統合，大雨特別警報（浸水害）の指標の改善等の，防災気象情報の伝え方を改善する．（令和4年5月18日報道発表資料）

(9) 2022年（令和4年）6月1日から，頻発する線状降水帯による大雨災害の被害軽減のため，線状降水帯予測を開始する．（令和4年4月28日報道発表資料）

(10)「熱中症警戒アラート」を2021年（令和3年）4月28日から全国で運用を開始する．（令和3年4月23日報道発表資料）

(11) 2021年（令和3年）3月4日から，地域気象観測所（アメダス）で相対湿度の観測を順次開始する．（令和3年2月26日報道発表資料）

(12) 2020年（令和2年）10月28日から，海流・海水温が要因で潮位が平常よりも高まる際に発信する潮位情報を改善するとともに，従来よりもきめ細かな海流・海水温の情報提供を開始する．（令和2年10月23日報道発表資料）

(13) 2020年（令和2年）9月23日から，推計気象分布において天気，気温に加えて日照時間の要素を追加して提供する．（令和2年9月17日報道発表資料）

(14) 2020年（令和2年）9月9日から，24時間以内に台風に発達する見込みの熱帯低気圧の予報を，これまでの1日先までから5日先までに延長する．（令和2年9月7日報道発表資料）

(15) 大雨特別警報と「警戒レベル」の関係を明確化するため，2020年（令和2年）8月24日から，大雨特別警報の発表基準を雨を要因とする基準に一元化し，台風等を要因とする特別警報の基準は暴風・高潮・波浪・暴風雪についてのみ用いることとする．（令和2年8月21日報道発表資料）

(16) 5日先までの高潮の警報級の可能性をバーチャートを用いて提供する等，高潮及び潮位に関する各種情報を改善する．（令和2年8月19日報道発表資料）

(17) 2020年（令和2年）3月18日11時予報から，分布予報（天気，気温，降水量，降雪量）を，20km四方単位から5km四方単位に高解像度化するとともに，予報期間を延長するなどの改善を行う．また，時系列予報についても予報期間の延長等を実施する．（令和2年3月13日報道発表資料）

(18) 2019 年（令和元年）6 月 19 日から「2 週間気温予報」の毎日提供を開始した．また，対象期間におい
て極端な高温や低温，冬季日本海側地域の極端に多い降雪量が予想される場合に，早期天候情報（従
来の異常天候早期警戒情報に相当）を原則月曜日と木曜日に発表する．（令和元年 5 月 17 日報道発表資料）

(19) 2019 年（平成 31 年）3 月 14 日から，台風強度予報（中心気圧，最大風速，最大瞬間風速，暴風
警戒域等）を 3 日先から 5 日先までに延長した．また，台風の暴風域に入る確率情報も 5 日先まで
に延長した．（平成 31 年 2 月 20 日報道発表資料）

5. 第 11 世代数値解析予測システム（NAPS11）の運用開始

気象庁は，台風や線状降水帯等の予測精度向上を図るため，2024 年（令和 6 年）3 月にスーパーコ
ンピュータシステムを更新し，第 11 世代数値解析予報システム（NAPS11）の運用を開始した．23
年 3 月に導入された「線状降水帯予測スーパーコンピュータシステム」と合わせて，従来の約 4 倍の
計算能力となり，局地モデルの予報時間を 10 時間から 18 時間に延長し，本年に実施予定の府県単位
での線状降水帯による大雨の半日程度前からの呼びかけに活用する準備を進めている．さらに，高解
像度・高頻度な観測データの利用や，より精緻な物理過程の導入など，数値予報モデルの改良を段階
的に実施することとしている．参考表 4 に現行の数値予報システムの概要（2024 年 3 月現在）を示す．
また，数値予報モデルが予測対象とする気象現象の時間・空間スケールを参考図 3 に示す．

6. 気象庁発表の参考情報

異常気象の実態と理由や地球温暖化の参考情報として気象庁から次のものが発表されており，気象
予報士試験にも役立つと考えられる．ホームページの報道発表資料を見られたい．（（　）内は報道発表日）

(1)　世界の主要温室効果ガス濃度は観測史上最高を更新（令和 5 年 11 月 15 日）

(2)　日本近海で記録的に高い海面水温が続いています〜9 月は特に記録的〜（令和 5 年 10 月 2 日）

(3)　地球温暖化がさらに進行した場合，線状降水帯を含む極端降水は増加すると想定（令和 5 年 9 月
19 日）

(4)　令和 5 年梅雨期の大雨事例と 7 月後半以降の顕著な高温の特徴と要因について〜異常気象分析検
討会の分析結果の概要〜（令和 5 年 8 月 28 日）

(5)　最新の技術を活用して過去約 75 年間の世界の気象・気候を解析・再現（令和 5 年 5 月 24 日）

(6)　気候変動に関する政府間パネル（IPCC）第 6 次評価報告書統合報告書の公表（令和 5 年 3 月 20 日）

(7)　「気候変動監視レポート 2022」を公表（令和 5 年 3 月 17 日）

(8)　線状降水帯予測精度向上に向けた技術開発・研究の成果の公表（令和 4 年 12 月 27 日）

(9)　「気候予測データセット 2022」及び解説書の公表（令和 4 年 12 月 22 日）

(10)　今年の南極オゾンホールは，最近 10 年間の平均値より大きく推移し，その最大面積は，南極大
陸の約 1.9 倍．南極上空のオゾン層は，2000 年以降回復が継続（令和 4 年 11 月 25 日）

(11)　夏の日本の平均気温と日本近海の平均海面水温の顕著な高温について（令和 4 年 9 月 1 日）

(12)「メッシュ平年値 2020」（統計期間 1991〜2020 年の 1km 格子の平年値）を作成（令和 4 年 4 月 4 日）

(13)　気候変動に関する政府間パネル（IPCC）第 6 次評価報告書第 2 作業部会報告書の公表について
（令和 4 年 2 月 28 日）

参考表4　気象庁数値予報モデルの概要（気象庁 HP より）

数値予報システム （略称）	モデルを用いて 発表する予報	予報領域と 格子間隔	予報期間 （メンバー数）	実行回数 （初期値の時刻）
局地モデル （LFM）	航空気象情報 防災気象情報 降水短時間予報	日本周辺　2km	18 時間	毎時
メソモデル （MSM）	防災気象情報 降水短時間予報 航空気象情報 分布予報 時系列予報 府県天気予報	日本周辺　5km	39 時間	1 日 6 回 （03, 06, 09, 15, 18, 21UTC）
			78 時間	1 日 2 回 （00, 12UTC）
全球モデル （GSM）	台風予報 分布予報 時系列予報 府県天気予報 週間天気予報 航空気象情報	地球全体　約13km	5.5 日間	1 日 2 回 （06, 18UTC）
			11 日間	1 日 2 回 （00, 12UTC）
メソアンサンブル 予報システム （MEPS）	防災気象情報 航空気象情報 分布予報 時系列予報 府県天気予報	日本周辺　5km	39 時間 （21 メンバー）	1 日 4 回 （00, 06, 12, 18UTC）
全球アンサンブル 予報システム （GEPS）	台風予報 週間天気予報 早期天候情報 2 週間気温予報 1 か月予報	地球全体 18 日先まで 約27km 18〜34 日先まで 約40km	5.5 日間 （51 メンバー）	1 日 2 回 （06, 18UTC）
			11 日間 （51 メンバー）	1 日 2 回 （00, 12UTC）
			18 日間 （51 メンバー）	1 日 1 回 （12UTC）
			34 日間 （25 メンバー）	週 2 回 （12UTC 火・水曜日）
季節アンサンブル 予報システム （季節 EPS）	3 か月予報 暖候期予報 寒候期予報 エルニーニョ監視速報	地球全体 大気 約55km 海洋 約25km	7 か月 （5 メンバー）	1 日 1 回 （00UTC）

（注）2024 年 3 月 5 日より局地モデルの予報時間は 18 時間となる

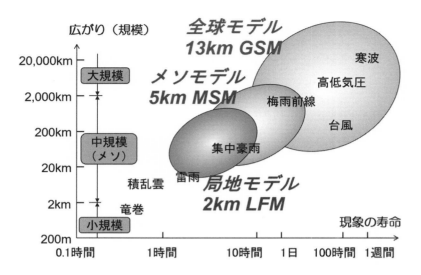

参考図3 気象庁の数値予報モデルが対象とする気象現象の水平・時間スケール
（気象庁 HP より）

(14) 2020年のアジア地域の天候や極端な気象現象とそれによる社会経済的な影響を取りまとめた，世界気象機関（WMO）の報告書「アジアの気候2020」が公開（令和3年10月25日）

(15) 令和3年8月の記録的な大雨の特徴とその要因について 〜異常気象分析検討会の分析結果の概要〜（令和3年9月13日）

(16) 気候変動に関する政府間パネル（IPCC）第6次評価報告書第1作業部会報告書（自然科学的根拠）の公表について（令和3年8月9日）

(17) 日本近海でも海洋酸性化が進行（令和3年3月19日）

(18) 2020年の日本沿岸の平均海面水位が過去最高を記録（令和3年2月25日）

(19) 生物季節観測の種目・現象の変更について（令和2年11月10日）

(20) 令和2年7月の記録的な大雨や日照不足の特徴とその要因について（令和2年8月20日）

(21) 地球温暖化が進行，2019年の海洋の貯熱量は過去最大に（令和2年2月20日）

(22) 黄砂に関する情報の拡充し，過去・現在・将来の黄砂の分布を連続的かつ面的に示した「黄砂解析予測図」を提供（令和2年1月24日）

(23) 世界の干ばつ監視情報の提供を開始（平成31年3月19日）

(24)「ひまわり黄砂監視画像」の新規提供を開始（平成31年1月22日）

キキクル（危険度分布）

　大雨による災害の危険度をより視覚的に分かりやすく伝えるため，気象庁は土砂キキクル（大雨警報（土砂災害）の危険度分布），浸水キキクル（大雨警報（浸水害）の危険度分布）および洪水キキクル（洪水警報の危険度分布）を発表している．土砂キキクル及び浸水キキクルは全国 1km メッシュで，洪水キキクルは指定河川洪水予報の発表対象ではない中小河川（水位周知河川及びその他河川）を対象に概ね 1km ごとに提供される．危険度の高いレベルから「災害切迫」（黒）「危険」（紫）「警戒」（赤）「注意」（黄）「今後の情報等に留意」の 5 段階に色分けされている．10 分ごとに更新され，避難のタイミングをつかむための情報としての活用が期待される．

　危険度分布のもとになる技術は，降った雨の挙動を模式化し，災害発生リスクの高まりを示す指標として開発された土壌雨量指数，表面雨量指数，流域雨量指数である．それぞれ，土砂キキクル，浸水キキクル，洪水キキクルに利用される．災害発生リスクとこれら指数との関係を示す概念図を参考図 4 に示す．

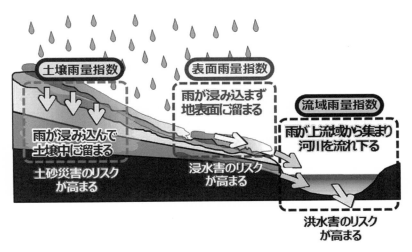

参考図 4　降った雨による災害発生リスクと各指数の関係（気象庁 HP より）

線状降水帯に関する情報

（1）顕著な大雨に関する気象情報

　大雨による災害発生の危険度が急激に高まっている中で，線状の降水帯により非常に激しい雨が同じ場所で降り続いている状況を「線状降水帯」というキーワードを使って解説する情報であり，前 3 時間積算降水量 100mm 以上の面積が 500km² 以上で最大値が 150mm 以上，形状が線状（長軸・短軸比 2.5 以上）などの条件が満たされたときに発表される．令和 3 年（2021 年）6 月に業務が開始され，令和 5 年 5 月からは予測技術を活用して，これまでより 30 分程度前倒しで発表される．

（2）線状降水帯の予測情報

　線状降水帯による大雨の可能性が高いと予想された場合，半日程度前から，「九州北部」など大まかな地域を対象に，気象情報において「線状降水帯」というキーワードを使って呼びかける情報であり，令和 4 年（2022 年）6 月 1 日に発表が開始された．

38

防災気象情報と警戒レベルの対応について

「避難情報に関するガイドライン」（内閣府・防災担当）では，住民は「自らの命は自らが守る」意識をもって，自らの判断で避難行動をとることが方針として示され，自治体や気象庁等からは5段階の警戒レベルを明記して防災情報が発表される．このガイドラインは令和3年（2021年）5月に改訂され，警戒レベル5が「緊急安全確保」に改められ，警戒レベル4の避難勧告が廃止され避難指示に一本化された．気象庁等の発表する防災気象情報をもとにとるべき行動と，相当する警戒レベルを参考表5に示す．

参考表5　防災気象情報をもとにとるべき行動と，相当する警戒レベル（気象庁HPより）

情報	とるべき行動	警戒レベル
• 大雨特別警報 • 氾濫発生情報 • キキクル（危険度分布）「災害切迫」（黒）	地元の自治体が警戒レベル5緊急安全確保を発令する判断材料となる情報です．災害が発生又は切迫していることを示す警戒レベル5に相当します． 　何らかの災害がすでに発生している可能性が極めて高い状況となっています．命の危険が迫っているため直ちに身の安全を確保してください．	警戒レベル5 相当
• 土砂災害警戒情報 • キキクル（危険度分布）「危険」（紫） • 氾濫危険情報 • 高潮特別警報 • 高潮警報	地元の自治体が警戒レベル4避難指示を発令する目安となる情報です．危険な場所からの避難が必要とされる警戒レベル4に相当します． 　災害が想定されている区域等では，自治体からの避難指示の発令に留意するとともに，避難指示が発令されていなくてもキキクル（危険度分布）や河川の水位情報等を用いて自ら避難の判断をしてください．	警戒レベル4 相当
• 大雨警報（土砂災害）※1 • 洪水警報 • キキクル（危険度分布）「警戒」（赤） • 氾濫警戒情報 • 高潮注意報（警報に切り替える可能性が高い旨に言及されているもの※2）	地元の自治体が警戒レベル3高齢者等避難を発令する目安となる情報です．高齢者等は危険な場所からの避難が必要とされる警戒レベル3に相当します． 　災害が想定されている区域等では，自治体からの高齢者等避難の発令に留意するとともに，高齢者等以外の方もキキクル（危険度分布）や河川の水位情報等を用いて避難の準備をしたり自ら避難の判断をしたりしてください．	警戒レベル3 相当
• キキクル（危険度分布）「注意」（黄） • 氾濫注意情報	避難行動の確認が必要とされる警戒レベル2に相当します． 　ハザードマップ等により，災害が想定されている区域や避難先，避難経路を確認してください．	警戒レベル2 相当
• 大雨注意報 • 洪水注意報 • 高潮注意報（警報に切り替える可能性に言及されていないもの※2）	避難行動の確認が必要とされる警戒レベル2です．ハザードマップ等により，災害が想定されている区域や避難先，避難経路を確認してください．	警戒レベル2
• 早期注意情報（警報級の可能性） 注：大雨に関して，［高］又は［中］が予想されている場合	災害への心構えを高める必要があることを示す警戒レベル1です．最新の防災気象情報等に留意するなど，災害への心構えを高めてください．	警戒レベル1

※1　夜間～翌日早朝に大雨警報（土砂災害）に切り替える可能性が高い注意報は，高齢者等は危険な場所からの避難が必要とされる警戒レベル3に相当します．
※2　警報に切り替える可能性については，市町村ごとの警報・注意報のページで確認できます．

予報精度評価や検証に用いる基本的な指標（まとめ）（気象庁資料による）

1.　検証に用いる基本的な指標

(1) 平均誤差，平方根二乗平均誤差，誤差の標準偏差

予報誤差を表す基本的な指標として平均誤差（Mean Error, ME, バイアスと表記する場合もある）と平方根二乗平均誤差（Root Mean Square Error, RMSE）がある．これらは次式で定義される．

$$ME\equiv\frac{1}{N}\sum_{i=1}^{N}(x_i-a_i)$$

$$RMSE\equiv\sqrt{\frac{1}{N}\sum_{i=1}^{N}(x_i-a_i)^2}$$

ここで，N は標本数，x_i は予報値，a_i は実況値である（実況値は客観解析値，初期値や観測値が利用されることが多い）．ME は予報値の実況値からの偏りの平均である．RMSE は最小値 0 に近いほど予報が実況に近いことを示す．また，北半球平均等，広い領域で平均をとる場合は，緯度の違いに伴う面積重みをかけて算出する場合がある．

RMSE は ME の寄与とそれ以外を分離して，

$$RMSE^2=ME^2+\sigma_e^{\,2}$$

$$\sigma_e^{\,2}=\frac{1}{N}\sum_{i=1}^{N}(x_i-a_i-ME)^2$$

と表すことができる．σ_e は誤差の標準偏差（ランダム誤差）である．

(2) アノマリー相関係数

アノマリー相関係数（Anomaly Correlation Coefficient, ACC）とは予報値の基準値からの偏差（アノマリー）と実況値の基準値からの偏差との相関係数であり，次式で定義される．

$$ACC\equiv\frac{\sum_{i=1}^{N}(X_i-\bar{X})(A_i-\bar{A})}{\sqrt{\sum_{i=1}^{N}(X_i-\bar{X})^2\sum_{i=1}^{N}(A_i-\bar{A})^2}}\qquad(-1\leq ACC\leq 1)$$

ただし，

$$X_i=x_i-c_i,\ \ \bar{X}=\frac{1}{N}\sum_{i=1}^{N}X_i$$

$$A_i=a_i-c_i,\ \ \bar{A}=\frac{1}{N}\sum_{i=1}^{N}A_i$$

である．ここで，N は標本数，x_i は予報値，a_i は実況値，c_i は基準値である．アノマリー相関係数は予報と実況の基準値からの偏差の相関を示し，基準値からの偏差の増減のパターンが完全に一致している場合には最大値の 1 をとり，逆に全くパターンが反転している場合には最小値の−1 をとる．

(3) スプレッド

アンサンブル予報のメンバーの広がりを示す指標であり，次式で定義する．

$$\text{スプレッド} \equiv \sqrt{\frac{1}{N}\sum_{i=1}^{N}\left[\frac{1}{M}\sum_{m=1}^{M}(x_{mi}-\bar{x_i})^2\right]}$$

ここで，M はアンサンブル予報のメンバー数，N は標本数，x_{mi} は m 番目のメンバー予報値，$\bar{x_i}$ は

$$\bar{x_i} \equiv \frac{1}{M}\sum_{m=1}^{M}x_{mi}$$

で定義されるアンサンブル平均である．

2. カテゴリー検証で用いる指標など

カテゴリー検証では，まず，対象となる現象の「あり」，「なし」を判定する基準に基づいて予報と実況それぞれにおける現象の有無を判定し，その結果により標本を分類する．そして，それぞれのカテゴリーに分類された事例数をもとに予報の特性を検証する．

(1) 分割表

分割表はカテゴリー検証においてそれぞれのカテゴリーに分類された事例数を示す表である（参考表）．各スコアは，表に示される各区分の事例数を用いて定義される．

また，以下では全事例数を $N = FO + FX + XO + XX$，実況「現象あり」の事例数を $M = FO + XO$，実況「現象なし」の事例数を $X = FX + XX$ と表す．

参考表 分割表．FO，FX，XO，XX はそれぞれの事例数を表す．

		実況 あり	実況 なし	計
予報	あり	FO	FX	FO + FX
予報	なし	XO	XX	XO + XX
計		M	X	N

(2) 適中率

$$\text{適中率} \equiv \frac{FO+XX}{N} \qquad (0 \leq \text{適中率} \leq 1)$$

適中率は予報が集中した割合である．最大値 1 に近いほど予報の精度が高いことを示す．

(3) 空振り率

$$\text{空振り率} \equiv \frac{FX}{N} \qquad (0 \leq \text{空振り率} \leq 1)$$

空振り率は，全事例数（N）に対する空振り（予報「現象あり」，実況「現象なし」）の割合である．最小値 0 に近いほど空振りが少ないことを示す．

ここでは全事例数に対する割合を空振り率の定義としているが，代わりに予報「現象あり」の事例数（$FO + FX$）に対する割合として定義することもある．その場合，分母は（$FO + FX$）となる．

(4) 見逃し率

$$\text{見逃し率} \equiv \frac{XO}{N} \qquad (0 \leq \text{見逃し率} \leq 1)$$

見逃し率は，全事例数（N）に対する見逃し（実況「現象あり」，予報「現象なし」）の割合である．最小値0に近いほど見逃しが少ないことを示す．

ここでは全事例数に対する割合を見逃し率の定義としているが，代わりに実況「現象あり」の事例数（$M = FO + XO$）に対する割合として定義することもある．その場合，分母は M となる．

（5）捕捉率

$$捕捉率 \equiv \frac{FO}{M} \qquad （0 \leq 捕捉率 \leq 1）$$

捕捉率は，実況「現象あり」であったときに予報が適中した割合である．最大値1に近いほど見逃しが少ないことを示す．一般に Hit Rate とも記される．

（6）誤検出率

誤検出率（False Alarm Rate, Fr）は実況「現象なし」であったときに予報が外れた割合であり，（3）項の空振り率とは分母が異なる．

$$Fr \equiv \frac{FX}{X} \qquad （0 \leq Fr \leq 1）$$

最小値0に近いほど空振りの予報が少なく予報の精度が高いことを示す．

（7）バイアススコア

バイアススコア（Bias Score, BI）は実況「現象あり」の事例数に対する予報「現象あり」の事例数の比であり，次式で定義される．

$$BI \equiv \frac{FO + FX}{M} \qquad （0 \leq BI）$$

予報と実況で「現象あり」の事例数が一致する場合1となる．1より大きいほど予報の「現象あり」の頻度過大，1より小さいほど予報の「現象あり」の頻度過小である．

（8）気候学的出現率

現象の気候学的出現率 P_c は標本から見積もられる現象の平均的な出現確率であり，次式で定義される．

$$P_c \equiv \frac{M}{N}$$

この量は実況のみから決まり，予報の精度にはよらない．予報の精度を評価する基準を設定する際にしばしば用いられる．

（9）スレットスコア

スレットスコア（Threat Score, TS）は予報，または，実況で「現象あり」の場合の予報適中事例数に着目して予報精度を評価する指標であり，次式で定義される．

$$TS \equiv \frac{FO}{FO + FX + XO} \qquad （0 \leq TS \leq 1）$$

出現頻度の低い現象（$N \gg M$，従って，$XX \gg FO, FX, XO$ となって，予報「現象なし」による寄与だけで適中率が1になる現象）について XX の影響を除いて検証するのに有効である．最大値1に近いほど予報の精度が高いことを示す．なお，スレットスコアは現象の気候学的出現率の影響を

42

受けやすく，例えば異なる環境下で行われた予報の精度比較には適さない．

（10）スキルスコア

　スキルスコア（Skill Score, Heidke Skill Score）は気候学的な確率で「現象あり」および「現象なし」が適中した頻度を除いて求める適中率であり，次式で定義される．

$$Skill \equiv \frac{FO + XX - S}{N - S} \qquad (-1 \leq Skill \leq 1)$$

ただし，

$$S = Pm_c(FO + FX) + Px_c(XO + XX),$$

$$Pm_c = \frac{M}{N}, \quad Px_c = \frac{X}{N}$$

である．ここで，Pm_c は「現象あり」，Px_c は「現象なし」の気候学的出現率（(8) 項），S は現象の「あり」を $FO + FX$ 回（すなわち，「なし」を残りの $XO + XX$ 回）ランダムに予報した場合（ランダム予報）の適中事例数である．最大値1に近いほど予報の精度が高いことを示す．ランダム予報で0となる．また，$FO = XX = 0$, $FX = XO = N/2$ の場合に最小値 –1 をとる．

3. 確率予報に関する指標

ブライアスコア

　ブライアスコア（Brier Score, BS）は確率予報の統計検証の基本的指標である．ある現象の出現確率を対象とする予報について，次式で定義される．

$$BS = \frac{1}{N} \sum_{i=1}^{N} (p_i - a_i)^2 \qquad (0 \leq BS \leq 1)$$

　ここで，p_i は確率予報値（0から1），a_i は実況値（現象ありで1，なしで0）N は標本数である．BS は完全に適中する決定論的な（$p_i = 0$ または1の）予報（完全予報と呼ばれる）で最小値0をとり，0に近いほど予報の精度が高いことを示す．また，現象の気候学的出現率 $P_c = M/N$（前掲(8)項）を常に確率予報値とする予報（気候値予報と呼ばれる）のブライアスコア BS_c は

$$BS_c \equiv P_c(1 - P_c)$$

となる．

受 験 案 内

　気象予報士試験は「気象業務法第 24 条の 2」に基づいて行われる国家試験です．受験資格の制限はありません．試験に合格すると「気象予報士」の資格が得られます（登録が必要）．

　試験の要領を以下にまとめましたが，変更されることもありますので，詳細は（一財）気象業務支援センターに問い合わせてください．

1.　試験機関　　一般財団法人　気象業務支援センター　　TEL 03 − 5281 − 3664（試験部直通）
　　　　　　　　〒101-0054　東京都千代田区神田錦町 3 − 17　東ネンビル
　　　　　　　　URL：http://www.jmbsc.or.jp/　　メール：siken@jmbsc.or.jp
2.　受　　付
　　　試験実施日のおよそ 2 ヶ月半前から 3 週間ほど，土・日・祝日をのぞく 10：00〜16：00 まで，上記の気象業務支援センターにて受付．郵送も可（「特定記録」扱い）．FAX は不可．
3.　試　験　日
　　　令和 5 年度は 2 回（5 年 8 月 27 日（日）実施，6 年 1 月 28 日（日）実施）．
4.　試　験　地
　　　北海道・宮城県・東京都・大阪府・福岡県・沖縄県（受験申し込みのとき受験希望地を記入）．
5.　試験の時間割および試験科目，出題範囲
　　　試験時間・科目・方法は下表の通り（令和 5 年度第 2 回試験要領．学科試験は各 60 分，実技試験第 1 部第 2 部は各 75 分の配分．平成 28 年度から時間割が変更となった）．

試験時間	試験科目	試験方法
09：40〜10：40	学科試験（予報業務に関する一般知識）	（多肢選択式）
11：10〜12：10	〃　　（予報業務に関する専門知識）	（　〃　）
12：10〜13：10	休　　憩	
13：10〜14：25	実技試験（気象概況及びその変動の把握） （局地的な気象の予報） （台風等緊急時における対応）	（記述式）
14：55〜16：10	〃　　　　　　　〃	（　〃　）

　　　出題範囲は以下の通り（令和 5 年度第 2 回試験要領）．
　　　学科試験の科目
　　　1　予報業務に関する一般知識
　　　　　イ　大気の構造　　ロ　大気の熱力学　　ハ　降水過程　　ニ　大気における放射
　　　　　ホ　大気の力学　　ヘ　気象現象　　ト　気候の変動
　　　　　チ　気象業務法その他の気象業務に関する法規

    2　予報業務に関する専門知識

        イ　観測の成果の利用　　ロ　数値予報　　ハ　短期予報・中期予報　　ニ　長期予報

        ホ　局地予報　　ヘ　短時間予報　　ト　気象災害　　チ　予想の精度の評価

        リ　気象の予想の応用

  実技試験の科目

    1　気象概況及びその変動の把握

    2　局地的な気象の予報

    3　台風等緊急時における対応

6.　試験科目の一部免除

（1）気象業務に関する一定の業務経歴を持っている場合，学科試験の全部または一部が免除されます（申請書と証明書が必要）．詳細は気象業務支援センターに問い合わせてください．

（2）受験した学科試験の全部または一部の学科について合格点を得た場合，合格発表日から一年以内に限り，該当する科目は試験が免除されます．

7.　合格発表

およそ30日〜40日後に発表されます．令和5年度第1回，第2回試験の合格発表は，それぞれ令和5年10月6日（金），6年3月8日（金）発表．試験の結果は，各受験者に郵送されるほか，気象業務支援センターのホームページにも合格者の受験番号が掲載されます．

令和5年度第2回　気象予報士試験

学科試験	予報業務に関する一般知識	試験時間60分	9：40〜10：40
〃	専門知識	〃　60分	11：10〜12：10
実技試験　1		試験時間75分	13：10〜14：25
2		〃　75分	14：55〜16：10

注意事項　（全科目に共通の事項）

1　試験中は，受験票，黒の鉛筆またはシャープペンシル，プラスチック製消しゴム，ものさしまたは定規（三角定規は可．分度器付きのものや縮尺定規などは不可），コンパスまたはディバイダ（比例コンパスや等分割ディバイダ，目盛り付きディバイダなどは不可），色鉛筆，色ボールペン，マーカーペン，鉛筆削り（電動式，ナイフ類は不可），ルーペ，ペーパークリップ，時計（通信・計算・辞書機能付きのものは不可）以外は，机上に置かないでください．

2　問題用紙・解答用紙は，試験開始の合図があるまでは開いてはいけません．

3　問題の内容についての質問には一切応じません．問題用紙・解答用紙に不鮮明な部分がある場合は，手を上げて係員に申し出てください．

4　途中退室は，原則として，試験開始後30分からその試験終了5分前までの間で可能です．途中で退室したい場合は手を上げて係員に合図し，指示に従って解答用紙を係員に提出してください．いったん退室した方は，その試験終了時まで再度入室することはできません．

5　不正行為や迷惑行為を行った場合や，係員の指示に従わない場合には，退室を命ずることがあります．

6　試験時間が終了したら，回収した解答用紙の確認が終わるまで席を離れずにお待ちください．

7　問題用紙は持ち帰ってください．

（学科試験に関する事項）

1　指示に従って，黒の鉛筆またはシャープペンシルで，解答用紙の所定欄に氏名，フリガナと受験番号を記入し，受験番号の数字を正しくマークしてください．マークが正しくないと採点されません．

2　解答は黒の鉛筆またはシャープペンシルを用いて，解答用紙の該当箇所にマークしてください．他の筆記用具では，機械で正しく採点できません．

3　解答を修正するときは，消え残りや消しゴムのカスが残らないよう修正してください．消え残りなどがあると，意図した解答にならない場合があります．

（実技試験に関する事項）

1　指示に従って，黒の鉛筆またはシャープペンシルで，解答用紙の所定欄に受験番号と氏名，フリガナを記入してください．

2　解答は黒の鉛筆またはシャープペンシルを用いて，解答用紙の該当箇所に楷書で記述してください．他の筆記用具による解答は認めません．判読不能な文字（乱筆，薄すぎる文字）は採点できません．

3　問題用紙の図表のページにはミシン目が付いており，切り離しやすくなっています．

4　トレーシング用紙は問題用紙に挟んであります．表紙に印刷したものさしは，自由に使用できます．

学 科 試 験

予報業務に関する一般知識

48

一般知識

問1　地球大気中のオゾンについて述べた次の文(a)~(c)の正誤の組み合わせとして正しいものを、下記の①~⑤の中から 1 つ選べ。

(a) 成層圏では、酸素分子は紫外線を吸収すると解離し、解離した酸素原子が酸素分子と結合してオゾンとなることで、オゾン層が形成されている。

(b) 成層圏では、オゾンの数密度は高度が高いほど大きく、高度約 50km にある成層圏界面付近で最大となる。

(c) 成層圏のオゾンの空間分布やその季節変動は、太陽放射の強さの時空間分布でほぼ説明できる。

	(a)	(b)	(c)
①	正	正	誤
②	正	誤	正
③	正	誤	誤
④	誤	正	誤
⑤	誤	誤	正

一般知識　**問 1　解説**

本問は，地球大気中のオゾンについて述べた文の正誤を問う設問である．

文(a)：成層圏では，酸素分子は紫外線（波長 0.24μm 以下）の吸収により二個の酸素原子に解離する．この酸素原子が周囲の酸素分子と結合してオゾンとなることでオゾン層が形成される．よって，文(a)は正しい．

なお，上で述べた酸素原子と酸素分子の結合は第三の分子（主に窒素分子や酸素分子）を仲介とする三体結合反応によって行われる．

文(b)：オゾンの生成に関わる波長の短い紫外線は，大気上層ほど強いが，一方酸素分子は空気密度に比例するので上層ほど少ない．このため，その積のかたちで決まるオゾン密度はある高度で最大となる．その高度は，成層圏界面付近の高度（約 50km）より低い 20～25km である（参考図 1）．よって，「成層圏では，オゾンの数密度は高度が高いほど大きく，高度約 50km にある成層圏界面付近で最大となる」とする文(b)は誤りである．

文(c)：文(c)が正しいとすれば，オゾンは太陽紫外線の下で光化学反応によって生成されるので，太陽放射が最も強くなる夏半球の低緯度でオゾン量が多くなる分布をすると考えられるが，実際にオ

ゾン全量（地表面から大気上端までの気柱に含まれるオゾンの総量）の緯度・季節変化を示した参考図2によれば，オゾン全量は低緯度で少なく，中高緯度の冬季から春季にかけて多くなっており，この分布を説明できない．よって，「成層圏のオゾンの空間分布やその季節変動は，太陽放射の強さの時空間分布でほぼ説明できる」とする文(c)は誤りである．

　なお，オゾンは，太陽放射が最も強い低緯度の成層圏が主な生成場所となっているが，一方，成層圏には低緯度から両極の中高緯度に向かう大規模な循環（ブリューワー・ドブソン循環）が存在し，これにより低緯度で生成されたオゾンは中高緯度に運ばれる．このようなオゾンの輸送は冬季に最も活発になるので，冬から春先にかけて中高緯度の成層圏にオゾンが蓄積され，オゾン全量が多くなっている．オゾンの空間分布やその季節変動には，このような大規模な大気循環が関わっている．

　したがって，本問の解答は，「(a)正，(b)誤，(c)誤」とする③である．

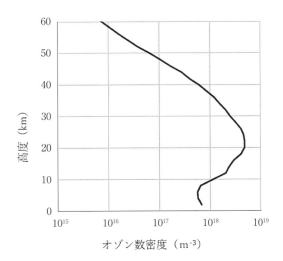

参考図1　オゾン数密度の高度分布（中緯度モデル）
（U.S. Standard Atmosphere 1976 による）

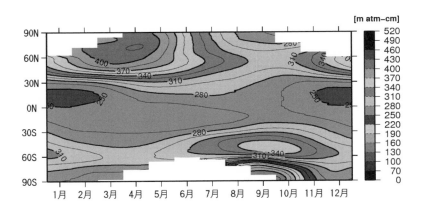

参考図2　オゾン全量の緯度・季節変化（気象庁 HP より）
白色の部分は衛星によるオゾン全量観測ができない領域

問1解答　③

50

一般知識

問2　放射平衡温度について述べた次の文章の空欄(a)～(c)に入る数値及び式の組み合わせとして適切なものを、下記の①～⑤の中から1つ選べ。

地球が黒体放射していると仮定すると、地球から放出される長波放射エネルギーは放射平衡温度の **(a)** 乗に比例する。また、地球のアルベドを A とすると地球が吸収する短波放射エネルギーは **(b)** に比例する。放射平衡の状態ではこの2つのエネルギーが釣り合っている。これらの関係から、地球のアルベドが0.3から0.35に変化して放射平衡温度が T_1 から T_2 に変化したとすると、放射平衡温度 T_2 は **(c)** $\times T_1$ となる。

	(a)	(b)	(c)
①	2	A	$(0.35/0.3)^{1/2}$
②	2	$1-A$	$(0.65/0.7)^{1/2}$
③	4	A	$(0.3/0.35)^{1/4}$
④	4	$1-A$	$(0.65/0.7)^{1/4}$
⑤	4	$1-A$	$(0.7/0.65)^{1/4}$

一般知識　**問2　解説**

本問は，地球が黒体放射していると仮定した場合の，放射平衡温度について述べた文章の空欄を埋める設問である．

なお，放射平衡が成り立つ場合，地球が吸収する太陽放射量（短波放射量）と放出する地球放射量（長波放射量）は釣り合っており，そのときの温度が，放射平衡温度である．

空欄(a)：黒体とは，入射した電磁波をすべて完全に吸収する仮想的な物体である．絶対温度 T の黒体の単位面積から単位時間に放射される波長別エネルギー量をすべての波長について積算した全エネルギー（放射量）I は，温度 T の4乗に比例（ステファン・ボルツマンの法則）し，$I = \sigma T^4$ で与えられる．ここで，σ はステファン・ボルツマンの定数である．

地球は黒体放射していると仮定されているのでステファン・ボルツマンの法則により，地球から放出される長波放射エネルギーは，地球の半径を r とすれば，$4\pi r^2 \times \sigma \times$（地球の放射平衡温度）^{4} となり，地球の放射平衡温度の4乗に比例していることがわかる．よって，空欄(a)は4である．

空欄(b)：地球のアルベドとは，地球に入射した太陽放射（短波放射）が雲やエーロゾル，地表面などで反射され，宇宙空間に戻される割合のことである．この割合を A とすれば，残りの $(1-A)$ だけの太陽放射（短波放射）が地球に吸収されることになる．したがって，太陽定数を S とおくと，地球が吸収する短波放射エネルギーは，$(1-A) \times \pi r^2 \times S$ となる．すなわち，地球が吸収する短波放射エネルギーは，$(1-A)$ に比例する．よって，空欄(b)は $1-A$ である．

空欄(c)：放射平衡の状態では，地球から放出される長波放射エネルギーと地球が吸収する短波放射エネルギーが釣り合っている．すなわち，

$$4\pi r^2 \times \sigma \times (\text{地球の放射平衡温度})^4 = (1-A) \times \pi r^2 \times S$$

とおける．

地球のアルベド A が 0.3 あるいは 0.35 のときの放射平衡温度を各々 T_1，T_2 とすると，これらに対する放射平衡の式は，

$$4\pi r^2 \sigma T_1^4 = (1-0.3)\pi r^2 S$$
$$4\pi r^2 \sigma T_2^4 = (1-0.35)\pi r^2 S$$

と与えられ，これら二つの式から，

$$(T_2 / T_1)^4 = (0.65 / 0.7)$$
$$T_2 = (0.65 / 0.7)^{1/4} T_1$$

を得る．よって，空欄(c)は $(0.65 / 0.7)^{1/4}$ である．

したがって，本問の解答は，「(a)4，(b)$1-A$，(c)$(0.65 / 0.7)^{1/4}$」とする④である．

なお，本問では，空欄(a)4，(b)$1-A$ は，放射の基本的な事柄なので，解答は容易に④か⑤の2択になる．アルベドが大きいほど，地球が吸収する太陽放射（短波放射）のエネルギーが少なくなるので，その放射平衡温度がより低くなることは感覚的に理解しやすい．したがって，(c)として，気温が低くなる $(0.65 / 0.7)^{1/4}$ を選択して，結局，解答の④に至ることができる．

問2解答　④

一般知識

問3　空気塊を断熱的に持ち上げた際の温位と水蒸気の混合比の変化について述べた
　　　次の文章の空欄(a)～(d)に入る語句の組み合わせとして正しいものを、下記の①
　　　～⑤の中から1つ選べ。ただし、空気塊が過飽和になることはないものとする。

　　　地表面付近の未飽和の水蒸気を含む空気塊を周囲の大気と混合しないように
　　断熱的に持ち上げる。このとき、高度の上昇にともなって、持ち上げ凝結高度
　　以下では空気塊の温位は (a)、水蒸気の混合比 (b)。また、持ち上げ凝結高度
　　より上では空気塊の温位は (c)、水蒸気の混合比 (d)。

	(a)	(b)	(c)	(d)
①	低下し	は増加する	上昇し	は減少する
②	低下し	は増加する	変化せず	も変化しない
③	変化せず	も変化しない	変化せず	は減少する
④	変化せず	も変化しない	上昇し	は変化しない
⑤	変化せず	も変化しない	上昇し	は減少する

一般知識　問3　解説

　本問は，地表付近の空気塊を断熱的に持ち上げた場合の温位と水蒸気の混合比の変化に関する設問である．

　空気塊の温位 θ は，次の式で定義される．

$$\theta = T \left(\frac{p_0}{p} \right)^{R/C_p}$$

ここで，T は空気塊の温度，p は空気塊の気圧（周囲の気圧と等しい），p_0 は基準気圧（普通は1000hPa），R は気体定数，C_p は定圧比熱である．未飽和の空気塊を周囲の大気と混合しないように断熱的に持ち上げると，持ち上げ凝結高度より下では空気塊に含まれる水蒸気が凝結しないので，空気塊の温位は保存される．これは，熱力学第1法則と気体の状態方程式から導かれる性質である，持ち上げ凝結高度より上では水蒸気が凝結するので，水蒸気の潜熱によって空気塊は暖められる．このため，空気塊の温位は上昇する．

　水蒸気の混合比 w は，水蒸気の密度 ρ_v と乾燥空気の密度 ρ_d から次の式で定義される．

$$w = \frac{\rho_v}{\rho_d}$$

空気塊に含まれる乾燥空気と水蒸気の体積は等しいので，水蒸気の混合比は空気塊に含まれる水蒸気と乾燥空気の質量の比に等しい．未飽和の空気塊と周囲の大気と混合しないように断熱的に持ち上げると，空気塊に含まれる乾燥空気の質量は常に保存される．持ち上げ凝結高度より下では水蒸気が凝結しないので，空気塊に含まれる水蒸気の質量も保存される．したがって，水蒸気の混合比は保存される．一方，持ち上げ凝結高度より上では水蒸気が凝結するので，空気塊に含まれる水蒸気の質量はその分減少する．このため，水蒸気の混合比は減少する．

　したがって，本問の解答は，「(a)変化せず，(b)も変化しない，(c)上昇し，(d)は減少する」とする⑤である．

（註）空気塊を周囲の大気と混合しないように断熱的に持ち上げたときの，空気塊の物理量の保存特性は次の表のようになる．ここで，○は保存，×は非保存を表す．相当温位と湿球温位は，未飽和の空気塊が上昇して持ち上げ凝結高度を超えても保存される．

	未飽和	飽和
相対湿度	×	○
露点温度	×	×
水蒸気圧	×	×
混合比	○	×
温位	○	×
相当温位	○	○
湿球温位	○	○

問3解答　⑤

一般知識

問4　ある山脈の斜面に沿って上昇した空気塊が標高 1000m の山脈の最高点を通過し、標高 0m のふもとまで下降してきたとき、温度 30℃、相対湿度 40%の状態となっていた。空気塊が山脈の最高点にあった時の空気の相対湿度として適切なものを、下記の①〜⑤の中から1つ選べ。ただし、標高 0m の気圧は 1000hPa、標高 1000m の気圧は 900hPa とし、乾燥断熱減率は 10℃/km、湿潤断熱減率は 5℃/km、空気塊は周囲の大気と混合せずに断熱的に移動したものとする。また温度と飽和水蒸気圧の関係は表のとおりとし、水蒸気の混合比は次の式で近似できるものとする。

$$\text{水蒸気の混合比 [g/kg]} = 620 \times \frac{\text{水蒸気分圧 [hPa]}}{\text{気圧 [hPa]}}$$

表：温度と飽和水蒸気圧の関係

温度 [℃]	10	12	14	16	18	20	22	24	26	28	30
飽和水蒸気圧 [hPa]	12	14	16	18	21	23	26	30	34	38	42

①　　36%
②　　44%
③　　66%
④　　73%
⑤　　100%

一般知識　問4　解説

　本問は，山脈の斜面に沿って下降する空気塊の相対湿度の変化を計算する設問である.

　題意を図に表すと参考図のようになる．相対湿度は水蒸気分圧と飽和水蒸気圧の比なので，空気塊が山脈の最高点にあったときの相対湿度を求めるには，そのときの空気塊の温度と水蒸気分圧がわかればよい．設問に与えられた温度と飽和水蒸気圧の表を用いれば，温度から飽和水蒸気圧が得られるからである.

　まず，空気塊が山脈の最高点にあったとき飽和していないと仮定して，そのときの温度を求めることにする．この場合には空気塊が下降するとき，その温度は乾燥断熱減率 10℃/km にしたがって変化する．ふもとにあるときの空気塊の温度は 30℃，山脈の最高点とふもととの高度差は 1000m なので，山脈の最高点にあったときの温度は 30℃ − 10℃/km × 1000m = 20℃と計算される．設問に与えられた表から，そのときの空気塊の飽和水蒸気圧は 23hPa となる.

　次に，山脈の最高点にあったときの水蒸気分圧を求めるために，ふもとにあるときの水蒸気の混合比を求める．これは，凝結が起こらなければ水蒸気の混合比は保存されるからである．温度 30℃ のときの飽和水蒸気圧は設問に与えられた表から 42hPa なので，相対湿度が 40% であることを用いると，ふもとにあるときの水蒸気分圧は 42hPa × 40% = 16.8hPa と計算される．したがって，設問に与えられた混合比の式から，水蒸気の混合比は 620 × 16.8hPa/1000hPa = 10.4g/kg と計算される．そこで，空気塊が山脈の最高点にあったときの水蒸気分圧を p_v として，設問に与えられた混合比の式に必要な数値を代入すると

$$10.4\text{g/kg} = 620 \times \frac{p_v}{900\text{hPa}}$$

となるので，これを解くと p_v = 15.1hPa が得られる．この値はすでに求めた飽和水蒸気圧の値 23hPa より小さいので，空気塊は飽和していないことがわかる．したがって，初めに仮定したことが正当化される．以上のことから，求める相対湿度は 15.1hPa/23hPa = 66% と計算される.

　したがって，本問の解答は，「66%」とする③である.

(註1) 本問では，空気塊がふもとにあるときの温度が高く，かつ相対湿度が低いので，乾燥断熱減率を用いて求めた山脈の最高点にあったときの相対湿度が 100% を超えることがなかった．もし，この値が 100% を超える場合には，空気塊は雲粒を含み，相対湿度は 100% となる．空気塊の温度や雲粒の量を求めるには，設問に与えられた混合比の式や温度と飽和水蒸気圧の表などを用いて，持ち上げ凝結高度を計算する必要がある（「令和5年度第1回気象予報士試験模範解答と解説」，東京堂出版，2023，p.50参照）．また，上の解説ではわかりやすいように，混合比の値を計算してから p_v を求めたが，混合比が保存されることを利用すれば，設問に与えられた混合比の式から次の式が成り立つことがわかる.

$$\frac{16.8\text{hPa}}{1000\text{hPa}} = \frac{p_v}{900\text{hPa}}$$

　この式を p_v について解けば，上の解説より少ない計算量で p_v = 15.1hPa が得られる．なお，選択肢に与えられた相対湿度の有効数字は基本的に2桁なので，上の解説では途中の計算結果を有効数字3

桁まで求めておいた. ただし, これらを有効数字 2 桁にして計算しても, 適切な選択肢が③であることが判断できるので, なるべく短時間で解くためにはこのやり方でもよい.

(註2) 設問に与えられた混合比の式を導いておく. まず, 混合比 w は水蒸気の密度 ρ_v と乾燥空気の密度 ρ_d から次の式で定義される.

$$w = \frac{\rho_v}{\rho_d}$$

温度 T の空気塊に含まれる乾燥空気の分圧 p_d と水蒸気の分圧 p_v は, 気体の状態方程式から次のように表される.

$$p_d = \rho_d R_d T, \qquad p_v = \rho_v R_v T$$

ここで, R_d と R_v はそれぞれ乾燥空気と水蒸気の気体定数である. また空気塊の気圧 p は

$$p = p_d + p_v$$

で与えられ, これは周囲の気圧と等しい. これらの式を使うと, 混合比を次のように表すことができる.

$$w = \frac{R_d}{R_v}\frac{p_v}{p_d} = \frac{R_d}{R_v}\frac{p_v}{p - p_v} \approx \frac{R_d}{R_v}\frac{p_v}{p}$$

ただし, $p \gg p_v$ であることを用いて近似してある. 気体定数の比は分子量の比の逆数に等しいことと, 乾燥空気と水の分子量がそれぞれ 29 と 18 であることを用いれば

$$w \approx \frac{18}{29}\frac{p_v}{p} = 0.62\frac{p_v}{p}$$

となる. 混合比は無次元量であるが, 混合比の単位を g/kg にするために右辺を 1000 倍すれば, 設問の式が得られる.

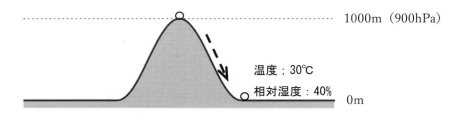

参考図　山脈の最高点からふもとまで下降する空気塊 (○印) の模式図

問4解答　③

一般知識

問5　雲の中の水滴の併合過程による成長について述べた次の文章の空欄(a)〜(c)に入る数式と語句の組み合わせとして正しいものを、下記の①〜⑤の中から1つ選べ。ただし、水滴はすべて球体であり、小さな水滴の落下速度は0（ゼロ）とする。

　　図のように、質量 m の小さな水滴が単位体積当たりの数密度 n で一様に分布している雲の中を、小さな水滴よりも十分に大きい半径 R の水滴が鉛直下向きに速さ W で落下している。大きな水滴が、通過する空間内のすべての小さな水滴を併合するとしたとき、大きな水滴の質量の単位時間あたりの増加量は **(a)** である。質量の増加に伴い、大きな水滴の半径が表面全体（表面積 $4\pi R^2$）で一様に増加するとすれば、単位時間の半径の増加量は **(b)** に比例する。このとき、W が $R^{1/2}$ に比例するとすれば、水滴が大きくなるとともに単位時間の半径の増加量は **(c)** なる。

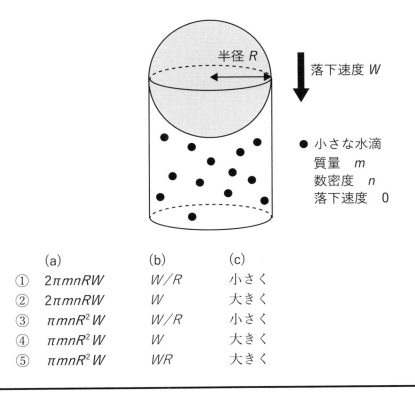

	(a)	(b)	(c)
①	$2\pi mnRW$	W/R	小さく
②	$2\pi mnRW$	W	大きく
③	$\pi mnR^2 W$	W/R	小さく
④	$\pi mnR^2 W$	W	大きく
⑤	$\pi mnR^2 W$	WR	大きく

一般知識 **問5 解説**

　本問は，雲の中の水滴の併合過程による成長に関する設問である．

　空欄(a)：大きな水滴の質量の単位時間当たりの増加量を求めるには，まず，速さ W で落下する半径 R の大きな水滴が単位時間当たりに通過する空間の体積 V を計算する必要がある．この空間の側面は半径 R，高さ W の円柱の側面と同じで，上面と下面は下に凸の半径 R の半球面になる．この空間の体積は，半径 R，高さ W の円柱の体積と等しいことが容易にわかるので

$$V = \pi R^2 \cdot W$$

が得られる．次に，小さな水滴1個の質量は m で，その半径は R より十分小さく，単位体積当たりの数密度は n としているので，この空間内にある小さな水滴の総質量は mnV となる．小さな水滴の落下速度は0としているので，大きな水滴が通過する空間内のすべての小さな水滴が併合されるとすれば，大きな水滴の質量の単位時間当たりの増加量 ΔM は

$$\Delta M = mnV = \pi mn R^2 W$$

となる．よって，空欄(a)に入る正しい数式は「$\pi mn R^2 W$」である．

　空欄(b)：水滴はすべて球体としているので，大きな水滴の質量が増加するとその半径が大きくなる．大きな水滴の半径の単位時間当たりの増加量を ΔR とすると，大きな水滴の表面積が $4\pi R^2$ であることを用いれば，水の密度を ρ として次の式が成り立つことがわかる．

$$\Delta M = \rho \cdot 4\pi R^2 \cdot \Delta R$$

この式を ΔR について解いて，すでに求めた ΔM の式を代入すれば

$$\Delta R = \frac{\pi mn R^2 W}{4\pi \rho\, R^2} = \frac{mnW}{4\rho}$$

が得られる．したがって，単位時間当たりの半径の増加量は W に比例し，R にはよらないことがわかる．よって，空欄(b)に入る正しい数式は「W」である．

　空欄(c)：W が $R^{1/2}$ に比例するとすると，すでに求めた ΔR の式から ΔR は $R^{1/2}$ に比例することがわかる．したがって，水滴が大きくなるとともに，単位時間当たりの半径の増加量は大きくなる．よって，空欄(c)に入る正しい語句は「大きく」である．

　したがって，本問の解答は，「(a)$\pi mn R^2 W$，(b)W，(c)大きく」とする④である．

(註) 本問では，大きな水滴が通過する空間内の小さな水滴はすべて併合されるとしている．しかし，実際には微小な水滴ほど慣性が小さいために，落下する大きな水滴の周囲の空気の流れに乗りやすくなるので，大きな水滴と衝突しにくくなる．半径が18μmより小さな水滴は，いかなる半径の水滴にも衝突しないことが知られている．したがって，雲の中で水滴の併合過程が始まるためには，凝結過程などによって水滴はその大きさまで成長しなければならない．また，本問では大きな水滴の落下速度（終端速度）W

は $R^{1/2}$ に比例するとしているが，それが比較的よく成り立つのは R が 1mm 以上の場合である．ただし，R がそれより小さくても W は R が大きいほど大きくなるので，水滴が大きくなるとともに単位時間当たりの半径の増加量が大きくなることに変わりはない．したがって，雲の中の水滴の併合過程による成長は加速度的に進むことがわかる．

問 5 解答　④

問6　図は、北半球の低気圧の中心付近における空気の収束と上昇流について模式的に示したものである。低気圧中心から半径 100km の円周上のすべての場所で、地表面から高度1000m まで風速20m/s の水平風が接線に対して中心に向かって30°の角度で反時計回りに吹いているとする。高度1000m において、図の円柱の上面で上昇流が一様であるとき、この上昇流の値として適切なものを、下記の①～⑤の中から1つ選べ。ただし、空気の密度は一定とし、地表面での鉛直流はないものとする。また sin30°=0.5、cos30°=0.9 とする。

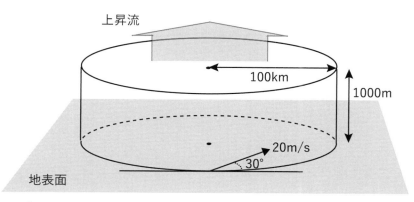

①　　1cm/s
②　　2cm/s
③　　20cm/s
④　　36cm/s
⑤　　1m/s

一般知識　**問6　解説**

　本問は，質量保存則を用いて，低気圧に収束する空気の流入量から上昇流を求める設問である．第57回や第58回の一般問7など頻繁に出題されるごく基本的な問題である．

　まず，低気圧への空気の流入量を求める．

　低気圧の形状は半径100km，高さ1000mの円柱の形状で表されている．空気の流入量は，流入する面に直交する風の成分，つまり円の中心に向かう風の成分に，この円柱の側面の面積を掛けた値に等しい．

　風速20m/sの水平風が低気圧に向かって30°の角度で流入しているので，中心に向かう風の成分は$20 \times \sin30° = 20 \times 0.5 = 10$（m/s）である（参考図）．

　円柱の側面の面積をS，半径をrとすると，$S = 2\pi r \times 1000 = 2 \times 10^3 \pi r$であるので，

$$\text{流入量} = 10 \times S = 2.0 \times 10^4 \pi r \tag{1}$$

となる．

　地表面での鉛直流はないとされているので，質量保存の法則から，この流入量に等しい空気が円柱の上面から上昇流として流出していることになる．上面の面積はπr^2であるので式(1)より，

$$\text{上昇流} = \text{流入量} \div (\pi r^2) = 2.0 \times 10^4 \div r = 2.0 \times 10^4 \div (100 \times 1000)$$
$$= 0.2 \text{（m/s）} = 20 \text{（cm/s）}$$

となる．

　したがって，本問の解答は，「20cm/s」とする③である．

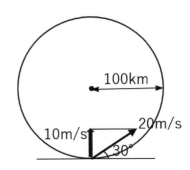

参考図　低気圧の中心に向かう風の成分

問6解答　③

一般知識

問7　次の(a)〜(d)の条件のもとで地衡風が吹いていたとき、各条件における地衡風の風速の大小関係を表す式として正しいものを、下記の①〜⑤の中から1つ選べ。ただし、空気の密度は(a)〜(d)のいずれの条件でも同じであり、sin30°=0.5、sin45°=0.7、cos30°=0.9、cos45°=0.7 とする。

　　(a) 緯度 30 度、水平気圧傾度 2hPa/100km

　　(b) 緯度 30 度、水平気圧傾度 3hPa/100km

　　(c) 緯度 45 度、水平気圧傾度 2hPa/100km

　　(d) 緯度 45 度、水平気圧傾度 3hPa/100km

① 　(b) > (a) > (d) > (c)
② 　(b) > (d) > (a) > (c)
③ 　(b) = (d) > (a) = (c)
④ 　(d) > (b) > (c) > (a)
⑤ 　(d) > (c) > (b) > (a)

一般知識　**問7　解説**

　本問は，地衡風の風速の緯度や水平気圧傾度との関係を問う設問である．

　地衡風は気圧傾度力とコリオリ力が釣り合う条件で吹く風のことであり，中緯度の上層では水平風に対してこの地衡風の関係が十分に成り立っている．

　水平の気圧傾度力は，水平気圧傾度を空気の密度で割ったものである．等圧線に直角に長さ Δn 離れた2点の気圧差を Δp，空気の密度を ρ とすると，

$$\text{水平気圧傾度} = -\frac{\Delta p}{\Delta n} \quad ; \quad \text{水平の気圧傾度力} = -\frac{1}{\rho}\frac{\Delta p}{\Delta n}$$

である．一方，コリオリ力は，風速を V とすると，

$$\text{コリオリ力} = fV$$

である．ここで，f（コリオリ・パラメーター）は緯度 φ の関数であり，

$$f = 2\Omega\sin\varphi$$

で表される．Ω は地球の自転角速度である（$\Omega = 2\pi / 1\text{日} = 7.292 \times 10^{-5}\text{s}^{-1}$）．

　地衡風では水平気圧傾度力とコリオリ力が等しいので，

$$fV = 2\Omega V\sin\varphi = -\frac{1}{\rho}\frac{\Delta p}{\Delta n}$$

であり，地衡風の風速は

$$V = -\frac{1}{2\Omega\rho\sin\varphi}\frac{\Delta p}{\Delta n}$$

となる．空気の密度は一定であるので，地衡風の風速は，水平気圧傾度に比例し，$\sin\varphi$ に反比例する（高緯度ほど風速が弱い）ことがわかる．つまり，

$$V = K\frac{水平気圧傾度}{\sin\varphi}$$

と書ける．ここで K は比例定数である．

　以上を踏まえて，(a)〜(d)の条件での地衡風の風速の大小関係を求める．大小を比較するだけなので，水平気圧傾度の単位（hPa/100km）は無視し，数値のみ比較すればよい．

(a)：$V = K \times 2 / \sin30° = 2K / 0.5 = 4K$

(b)：$V = K \times 3 / \sin30° = 3K / 0.5 = 6K$

(c)：$V = K \times 2 / \sin45° = 2K / 0.7 = 2.9K$

(d)：$V = K \times 3 / \sin45° = 3K / 0.7 = 4.3K$

　したがって，本問の解答は，「(b) ＞ (d) ＞ (a) ＞ (c)」とする②である．

(註) 地衡風の風速が水平気圧傾度に比例し，緯度に反比例することを知っていると，(a)と(b)の比較から (a)＜(b)，(a)と(c)の比較から(a)＞(c)であることは容易にわかる．同様に，(b)と(d)の比較から(b) ＞(d)，(c)と(d)の比較から(c)＜(d)である．このことから，解答は①か②のどちらかに絞られるが，(a)と(d)のどちらが大きいかは上記の計算をしなければ判断できない．

問7解答　②

問8　図は年平均した大気と海洋による南北熱輸送量の緯度分布を示したものである。この図に示される、大気と海洋による南北熱輸送について述べた次の文(a)～(c)の正誤の組み合わせとして正しいものを、下記の①～⑤の中から1つ選べ。

（a）北緯40°付近よりも高緯度の、大気と海洋による北向きの全熱輸送量が極に向かって減少している領域では、大気と海洋は全体として南北熱輸送により加熱されている。

（b）亜熱帯高圧帯では蒸発量が降水量よりも多く、蒸発量と降水量の差のほとんどは、水蒸気としてハドレー循環により熱帯収束帯に向かって輸送されている。

（c）海洋では、海流により高温の海水が低緯度から高緯度に、低温の海水が高緯度から低緯度に運ばれることにより、低緯度から高緯度に熱が輸送されている。

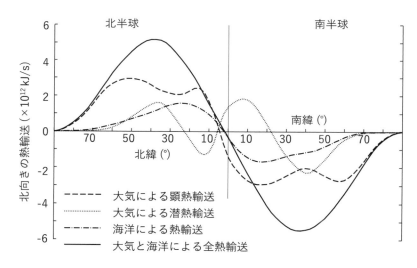

	(a)	(b)	(c)
①	正	正	正
②	正	正	誤
③	正	誤	正
④	誤	正	誤
⑤	誤	誤	正

一般知識　問8　解説

　本問は，年平均した大気と海洋による南北熱輸送量の緯度分布に関する設問である．

　太陽放射によるエネルギー流入は高緯度より低緯度のほうが大きく，熱エネルギーは低緯度から高緯度に輸送される．熱エネルギー輸送は大気側では時間平均と東西方向に帯状平均した南北流によるもの，それ以外の停滞性じょう乱や非定常運動によるものなどがある．海洋側では主として海流による．

　文(a)：参考図1に示すように北緯40°以北のある狭い緯度帯のボックスで考えると，流入してくる全熱エネルギーより流出する全熱エネルギーの方が小さいので，この狭い緯度帯内では熱が蓄積されることになり，加熱されている．よって，文(a)は正しい．

　文(b)：大気中には赤道付近の積乱雲の活動が活発な領域で上昇し，赤道を挟んで南北緯30度帯付近で下降するハドレー循環が存在するが（参考図2），この下降流域の下層に形成されるのが亜熱帯高気圧である．下降流域であるため，雲の発達が抑えられ，蒸発量が降水量よりも多くなる．この蒸発量と降水量の差の水蒸気量（潜熱）はハドレー循環の下層の赤道へ向かう流れにより，低緯度の熱帯収束帯に向かい輸送されるが，それだけでなく極方向へも停滞性じょう乱や非定常運動により輸送される．本問の図においても大気による潜熱輸送（水蒸気の輸送）は亜熱帯高気圧がある30°付近で符号が変わっており，赤道側で赤道向き，極側では極向きとなっている（参考図1の斜線パターン矢印参照）．よって，文(b)は誤りである．

　文(c)：海洋中では黒潮などの極向きの海流により高温の海水が低緯度から高緯度に，カリフォルニア海流などの赤道向きの海流により低温の海水が高緯度から低緯度に輸送されており，熱エネルギーが低緯度から高緯度に輸送されていることになる．よって，文(c)は正しい．

　したがって，本問の解答は，「(a)正，(b)誤，(c)正」とする③である．

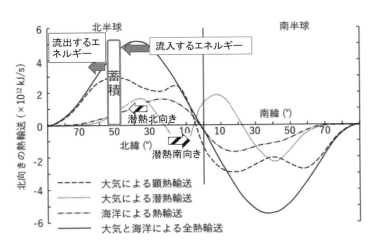

参考図1　熱エネルギー収支

66

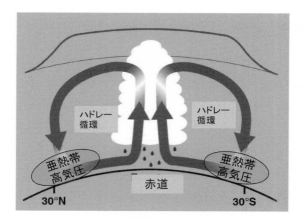

参考図 2 ハドレー循環の模式図と亜熱帯高気圧（NASA/JPL-Caltech による図を一部改変）

問 8 解答　③

一般知識

問9　竜巻について述べた次の文 (a)〜(d)の正誤の組み合わせとして正しいものを、下記の①〜⑤の中から1つ選べ。

(a) 竜巻は、上空に積乱雲がなくても、日射による地表面付近の加熱が原因で発生する場合がある。

(b) 日本では、地形の影響で竜巻が減衰しやすいため、竜巻が5km以上移動した事例は報告されていない。

(c) スーパーセルに伴う竜巻は、フックエコーと呼ばれる、かぎ針の形をしたレーダー反射強度の強い領域付近で発生することが多い。

(d) 北半球で発生する竜巻には、渦の向きが反時計回りのものと時計回りのものがあるが、いずれの回転方向の竜巻も中心の気圧は周囲よりも低い。

	(a)	(b)	(c)	(d)
①	正	正	正	誤
②	正	誤	誤	誤
③	誤	正	正	誤
④	誤	誤	正	正
⑤	誤	誤	誤	正

68

一般知識　**問 9　解説**

　本問は，竜巻の一般的な特徴についての設問である．一般知識と専門知識の両方にまたがる問題であり，平成 29 年度第 2 回の一般知識の問 9 や，令和 2 年度第 2 回の専門知識の問 11 など，数年に 1 回くらい同種の問題が出題されている．

　文(a)：竜巻は発達した積乱雲の中にメソサイクロンと呼ばれる渦巻きがあるとき，積乱雲の底から柱状または漏斗状に地面や水面に延びた非常に速い速度で回転する空気の渦で，積乱雲のまわりでゆっくり回転している空気が上昇気流に巻き込まれるとき，条件がそろうと，急激に回転半径が小さくなり竜巻となる．また，雲底から漏斗雲が下がっているだけで，地面や水面に達していないものは竜巻とは言わず，漏斗雲が地面や水面に達している場合に竜巻と呼んでいる．よって，文(a)は誤り．

　文(b)：日本で 1961 年以降に発生した竜巻などの突風の事例は，気象庁 HP の「竜巻等の突風データベース」に記載されている．それによれば，竜巻の被害域は，一般的に幅が数十メートルから数百メートルで長さは数キロメートルであるが，たとえば平成 24 年 5 月に栃木県真岡市で発生した竜巻の被害域は長さ 32km になるなど，長さが数十キロメートルに達するものもある．

　なお，日本での平均的な被害の規模と移動速度は，（福岡管区気象台 Hp より）

　　(1)平均被害幅は 103m（そのほとんどが 160m 以下，最大 1.6km）

　　(2)平均の被害の長さは 3.3km（そのほとんどは 5km 以下，最大 50.8km）

　　(3)平均の移動速度は 36km/h（そのほとんどが 60km/h 以下，最大 100km/h）

　よって，文(b)は誤り．

　文(c)：参考図 1 の(a)と(c)に見るように，スーパーセルでは，対流圏の下層およびストームの先端部で高温多湿の空気がストームに流入し，上昇気流となっている．この上昇気流はきわめて強いので，雲底付近で発生した雲粒はレーダーで検出されるほど大きな降水粒子に成長する時間的余裕がないうちに対流圏上層に運ばれてしまう．参考図 1 の(b)は，かぎ針の形をしたフックエコーで，このエコーがあることがスーパーセルの特徴である．スーパーセル型のストームに伴って竜巻が起こるとすれば，参考図 1 の(b)のかぎ針の形をしたレーダー反射強度の強いフックエコー付近の V の記号の位置で発生する．よって，文(c)は正しい．

　文(d)：等圧線（等高度線）が平行な場合は，気圧傾度力とコリオリ力の 2 つの力が釣り合った地衡風となり，等圧線（等高度線）が円形の場合は，遠心力が働くので，気圧傾度力とコリオリ力との 3 つの力が釣り合った傾度風となる．旋衡風は，竜巻のように半径が小さく，風速が著しく強い場合の風である．気圧傾度力や風速の二乗に比例して大きくなる遠心力に比べて，風速に比例して大きくなるコリオリ力は相対的に小さくなるので，コリオリ力の影響が無視でき，気圧傾度力と遠心力が釣り合っているとみなされる．このため，中心の気圧が低い場合に，釣り合うのは高気圧性の流れと低気圧性の流れの 2 つである（参考図 2）．北半球では，規模の大きい低気圧や台風の風は全てが反時計回りであるが，竜巻は多くが反時計周りであるものの一部は時計回りであるのは，このためである．中心付近の気圧が高い場合は，遠心力と気圧傾度力がともに中心から外側に向かうので，釣り合うことはできない．よって，文(d)は正しい．

　したがって，本問の解答は，「(a)誤，(b)誤，(c)正，(d)正」とする④である．

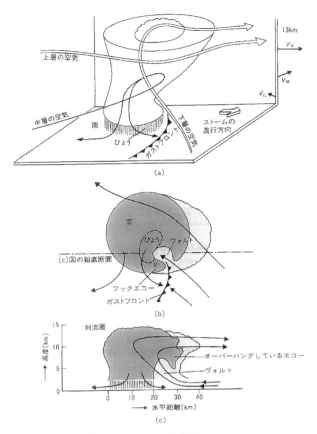

参考図1　成熟期にあるスーパーセル型のストームの模式図
　　(a) 移動しつつあるストームに相対的な3次元的な空気の流れ．図の右側に，ストームに相対的
　　　　な対流圏下層（V_L），中層（V_M），上層（V_U）の一般風が示してある．地表面におけるガス
　　　　トフロントの位置も示してある．
　　(b) 上から見たストームの構造．薄い陰影は小さな雲粒から成る雲の部分で，濃い部分が強い
　　　　レーダーエコーをもつ降水部分，実線はストームに相対的な対流圏下層おける流れ．上昇気
　　　　流や下降気流があるから，図の下半分のように，ある水平面内の流線は途中で切れている．
　　　　スーパーセル型のストームに伴って竜巻が起こるとすれば，Vの記号の位置で発生する
　　(c) 鉛直断面で見た構造．細い実線は流線を表すが，下層空気が上昇し雲の上部で雲を脱出する
　　　　流れが同一断面内で起こっているわけではなく，実際にはこの紙面に直角な方向の流れも重
　　　　なっている．
（小倉義光『一般気象学　第2版増訂版』東京大学出版会，2016　p.218 より）

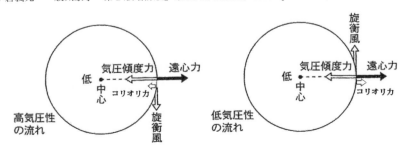

参考図2　旋衡風のバランス状況

問9解答　④

問10 成層圏や中間圏の大気の特徴について述べた次の文(a)〜(d)の正誤の組み合わせとして正しいものを、下記の①〜⑤の中から1つ選べ。

(a) 赤道付近の成層圏では、東風と西風が約2年周期で入れ替わる準二年周期振動が観測される。

(b) 北半球中高緯度の成層圏で、夏季に等高度線が北極付近を中心とする同心円状になるのは、対流圏で励起されたプラネタリー波が成層圏に伝播しなくなるためである。

(c) 一般的に、上部成層圏の気温の鉛直勾配は下部成層圏に比べて大きい。

(d) 成層圏と中間圏では、北半球の夏季の気温は北極付近で最も高くなる。

	(a)	(b)	(c)	(d)
①	正	正	正	誤
②	正	正	誤	誤
③	正	誤	正	正
④	誤	正	誤	誤
⑤	誤	誤	誤	正

一般知識 **問10 解説**

本問は、成層圏や中間圏の大気の特徴に関する設問である。

文(a)：参考図1に示すように赤道付近の成層圏では約2年（平均的には26か月）の周期で東風と西風が交代することが知られており、準二年周期振動と呼ばれている。これには対流圏から伝播した西向き（東風）運動量を持つ西向きに進む重力波と、東向き（西風）運動量を持つ東向きに進む重力波による平均風の加速が平均風の状態に応じ交互に起こることが重要だと考えられている。よって、文(a)は正しい。

文(b)：対流圏で大規模山岳の影響や海陸の熱的コントラスト等により励起される水平スケールが非常に大きい停滞性の準定常プラネタリー波（東西方向に地球を1周して、リッジ、トラフの数がそれぞれ1か2程度）は西風のときのみ鉛直に伝播する。成層圏は夏季には東風が吹いているためこの対流圏で励起されるプラネタリー波は伝播できず、成層圏では北極付近を中心として等高度線は同心円状となる。一方、冬季には成層圏は西風となり、このプラネタリー波が対流圏から伝播できるので、成層圏にプラネタリー波が存在し、非同心円状となる。よって、文(b)は正しい。

文(c)：参考図2のとおり、上部成層圏の温度勾配は下部成層圏より大きい。なお、オゾンによる太陽の紫外線吸収による大気の加熱率は50km付近でピークとなる。よって、文(c)は正しい。

文(d)：参考図3のとおり，成層圏では夏季には極付近で気温が最も高くなるが，高さ約50〜80kmの中間圏では夏半球より冬半球側の方が高い．中間圏において冬半球側では下降流があり，それに伴う断熱昇温により，夏半球側では上昇流があり，それに伴う断熱冷却によりこのような分布となる．なお，中間圏でのこのような鉛直流の存在には対流圏から伝わった重力波が運動量を運び，大規模な循環に影響を与えていることが重要と考えられている．よって，文(d)は誤り．

したがって，本問の解答は，「(a)正，(b)正，(c)正，(d)誤」とする①である．

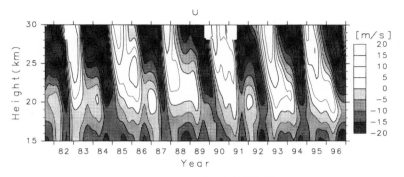

参考図1　赤道成層圏下部の東西風の準二年周期振動
Singapore（1N，104E）における月平均東西風の時間高度断面図．
等値線間隔は5m／s．東風領域に影をつけてある．
（佐藤薫「赤道下部成層圏準2年周期振動における大気重力波の役割」『天気46』日本気象学会　1999　p.12.）

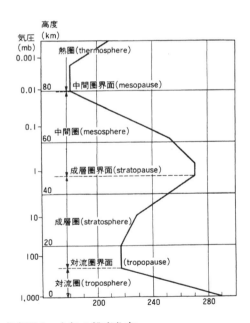

参考図2　大気の鉛直分布
（松野太郎・島崎達夫『大気科学講座3
成層圏と中間圏の大気』東京大学出版会
1981　p.2）

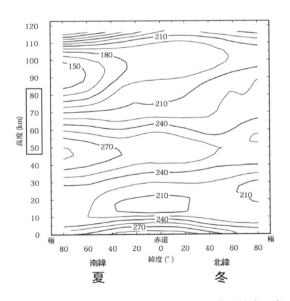

参考図3　1月の経度方向に平均した温度の緯度−高さ分布図の気候値温度の単位はK．中間圏の範囲の高度に□をつけた（平成28年度第2回気象予報士試験，問1の図を改変）

問10解答　　①

一般知識

問11 温室効果気体である二酸化炭素について述べた次の文(a)〜(d)の正誤の組み合わせとして正しいものを、下記の①〜⑤の中から1つ選べ。

(a) 化石燃料の消費などで人為的に排出された二酸化炭素の約90%が大気中に蓄積されている。

(b) 大気中の二酸化炭素濃度の年増加率は、場所によって大きく異なり、人間活動がほとんどない南極域では増加は認められない。

(c) 大気の成分で主要な温室効果を持つのは二酸化炭素であり、その他の温室効果気体であるメタン、一酸化二窒素、水蒸気などは相対的に小さな効果しか持たない。

(d) 大気中の二酸化炭素は一部が海洋に吸収されるが、海洋の酸性化が進み海水の pH が小さくなると海洋の二酸化炭素吸収量は減少する。

	(a)	(b)	(c)	(d)
①	正	正	正	正
②	正	誤	誤	正
③	誤	正	正	誤
④	誤	誤	正	誤
⑤	誤	誤	誤	正

一般知識　**問 11　解説**

本問は，温室効果気体である二酸化炭素についての設問である．気象庁では大気や海洋中の温室効果ガスの観測を行っており，気象庁 HP にそれらに関する詳しい解説がある．

文(a)：参考図に示すように 2010 年代で人為的に排出された二酸化炭素は炭素の質量に換算して年間 109 億トンであるが，そのうち，大気中に残るのは 51 億トンであり，割合としては 47％である．残りの二酸化炭素は海洋や陸上に吸収されている．排出量の約半分程度大気中に残ると覚えておくとよい．よって，文(a)は誤り．

文(b)：二酸化炭素の放出源は北半球に多く存在するため，北半球中・高緯度で濃度が高く，南半球でやや低くなってはいるものの，大気の運動や拡散によって全球的に広がっており，二酸化炭素濃度の年増加率は全球的に増加が見られる．よって，文(b)は誤り．

　文(c)：大気中の成分のうち温室効果が最も大きいのは水蒸気で，二酸化炭素より大きく，2倍から3倍とされている．その他のメタン，一酸化二窒素などの温室効果は二酸化炭素より小さいと考えられている．二酸化炭素，メタン，一酸化二窒素，フロンガスなどは大気中での寿命も長く，人間活動によって増加した温室効果ガスと考えられている．一方水蒸気は人為起源の放出源から大気中に入る水蒸気のフラックスは，海洋や陸域からの「自然な」蒸発によるフラックスよりもかなり少ない．また，蒸発後，凝結し，降水となるため，大気中の滞留時間は平均的には10日程度と考えられている．このため大気中の水蒸気は人間活動に直接には左右されないと考えられ，人間活動により増加した温室効果ガスとしては扱われない．ただし，大気の温度が上昇すると空気中の飽和水蒸気量は増加するので，二酸化炭素の増加などにより気温が上昇すると空気中の水蒸気量も増加し，それが温室効果を増幅し，更なる温暖化をもたらすと考えられている（水蒸気フィードバックと呼ばれる）．よって，文(c)は誤り．

　文(d)：人間活動の影響により増加した大気中の二酸化炭素が海洋に吸収されると海洋酸性化が起こる（pHが低下する）．海洋酸性化の進行によってプランクトンやサンゴなど海洋生物の成長に影響が及び，海洋の生態系への影響が懸念されている．また，表面海水におけるpHの低下により，海水の化学的性質が変化して，海洋が大気から二酸化炭素を吸収する能力が低下することが指摘されている．よって，文(d)は正しい．

　したがって，本問の解答は，「(a)誤，(b)誤，(c)誤，(d)正」とする⑤である．

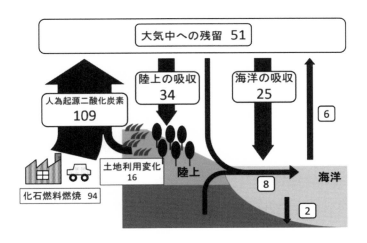

参考図　人為起原炭素収支の模式図（2010年代）
　　　　　IPCC（2021）をもとに作成．各数値は炭素重量に換算したもので，細い矢印及び数値は産業革命前の状態を，太い矢印及び上に説明がついている数値は産業活動に伴い変化した量を表す．2010～2019年の平均値（億トン炭素）を1年あたりの値で表している．収支の見積りに誤差を含むことや，小数の四捨五入のため，収支の合計が一致しない場合がある（気象庁HPより）．

　　　　　　　　　　　　　　　　　　　　　　　　　　　問11解答　⑤

一般知識

問 12　気象業務法に定められる気象予報士について述べた次の文(a)〜(d)の正誤について、下記の①〜⑤の中から正しいものを 1 つ選べ。

(a) 気象予報士になるためには、気象庁長官の行う気象予報士試験に合格し、国土交通大臣の登録を受けなければならない。

(b) 不正な手段により気象予報士試験に合格したために、試験の合格を取り消された者は、最長 3 年間は気象予報士試験を受けることができない。

(c) 気象の予報業務の許可を受けた事業者は、当該予報業務のうち現象の予想とその発表については、気象予報士に行わせなければならない。

(d) 気象予報士が、刑法の規定により罰金以上の刑に処せられたときには、気象予報士の登録を抹消される。

① 　(a)のみ正しい
② 　(b)のみ正しい
③ 　(c)のみ正しい
④ 　(d)のみ正しい
⑤ 　すべて誤り

一般知識　　**問 12　解説**

本問は，気象予報士の資格の取得及び喪失並びにその業務についての設問である．

文(a)：気象予報士の登録を行うのは，気象庁長官である（気象業務法第 24 条の 20）．よって，文(a)は誤りである．

文(b)：不正な手段によって気象予報士試験を受けて試験の合格の決定を取り消された者に対して，気象庁長官が試験を受けることができないものとすることができる期間は，2 年以内である（気象業務法第 24 条の 18 第 3 項）．よって，文(b)は誤りである．

文(c)：気象の予報業務許可事業者が，その予報業務のうち気象予報士に行わせなければならないのは，現象（この場合は気象）の予想であり，発表はこれに含まれない（気象業務法第 19 条の 2 後段）．よって，文(c)は誤りである．

文(d)：気象予報士が罰金以上の刑に処せられたことを事由として登録を抹消されるのは，気象業務法の規定に違反した場合だけであり，他の法律の違反はこれに当たらない（気象業務法第 24 条の 25 第 1 項第二号及び同法第 24 条の 21 第一号）．よって，文(d)は誤りである．

したがって，本問の解答は，「すべて誤り」とする⑤である．

問 12 解答	⑤

一般知識

問13　気象庁以外の者が予報業務を行うときに必要な気象庁長官の許可について述べた次の文(a)〜(d)の正誤の組み合わせとして正しいものを、下記の①〜⑤の中から1つ選べ。

(a) ある町の桜の開花予測を行い、地元観光協会のホームページに掲載するときには、予報業務の許可を受けなければならない。

(b) 旅館で働く気象予報士が、気象庁が発表した天気、気温及び風の予報を、旅館のホームページに毎日掲載するときには、予報業務の許可を受けなければならない。

(c) 建設会社が、気象予報士の資格を持つ社員に自社の工事現場周辺のきめ細かな天気予報を行わせ、社内で共有するときには、自社だけの使用であっても予報業務の許可を受けなければならない。

(d) 気象予報士が、自宅周辺の独自の天気予報を定期的に個人のホームページに掲載するときには、予報業務の許可を受けなければならない。

	(a)	(b)	(c)	(d)
①	正	正	正	正
②	正	正	誤	誤
③	誤	正	誤	誤
④	誤	誤	正	正
⑤	誤	誤	誤	正

一般知識　問13　解説

　本問は，気象の予報業務の許可が必要な業務についての設問である．

　文(a)：桜の開花予測は，気象そのものではなく，気象の影響を受けた生物の挙動を予想するものであるから，予報業務許可制度の関知するところではない．よって，文(a)は誤りである．

　文(b)：予報業務の許可が必要となるのは，現象の予想及び発表を自ら行う業務であって，他者が発表した予想（予報事項）を用いるのであれば，予報業務許可は必要ない．よって，文(b)は誤りである．

　文(c)：予報の定義（気象業務法第2条第6項）における「発表」とは，予想を行った者あるいはこれを行わせた者の自己責任の範囲を超えて，他者にその結果を提供することである．社内で行った予想の結果を自社の業務にのみ利用するのであれば，自己責任の範囲内であるから「発表」は成立せず，予報の要件を満たさない．よって，文(c)は誤りである．

　文(d)：上記のとおり，予想を行った者の自己責任の範囲を超えてその結果が提供されれば，予報に該当する．本件では，不特定多数の者が閲覧しうる場所に，反復継続して独自の予想の結果を掲載するのであるから，予報を業務として行っていることになり，予報業務の許可が必要である．よって，文(d)は正しい．

　したがって，本問の解答は，「(a)誤，(b)誤，(c)誤，(d)正」とする⑤である．

問13解答　⑤

一般知識

問 14　気象庁以外の者が行う気象観測について述べた次の文(a)〜(d)の正誤について、下記の①〜⑤の中から正しいものを１つ選べ。

(a) 駅に隣接する商業施設が駅前の気温を電光掲示板で市民に発表するために温度計を設置する場合は、温度計の設置について気象庁長官に届け出なければならない。

(b) 国立大学が研究のためのデータを得るために風速観測施設を国内に設置する場合は、その旨を気象庁長官に届け出なければならない。

(c) 船舶から気象庁長官に対してその成果の報告を行わなければならない気象の観測に用いる気象測器は、検定に合格したものでなければならない。

(d) 気象庁長官は、気象観測の施設の設置の届け出をした者に対し、観測の成果の報告を求めることができる。

① 　(a)のみ誤り
② 　(b)のみ誤り
③ 　(c)のみ誤り
④ 　(d)のみ誤り
⑤ 　すべて正しい

一般知識　**問14　解説**

　本問は，気象の観測施設に係る届出及びこれに使用する気象測器についての設問である．

　文(a)：政府機関及び地方公共団体以外の者がその成果を発表するための気象の観測を行う施設を設置したときは，気象庁長官に届け出なければならない（気象業務法第6条第3項及び同条第2項第一号）．よって，文(a)は正しい．

　文(b)：政府機関又は地方公共団体が研究のために行う観測（気象業務法第6条第1項第一号）については，その観測施設の設置を気象庁長官に届け出る義務はない．国立大学法人は，政府機関でも地方公共団体でもないが，その研究のための観測を行う施設については，観測の成果が研究・教育目的以外に使用されない（発表に該当しない）ようにする所要の措置がとられていれば，法適用の均衡の観点から，政府機関又は地方公共団体の場合と同様に，気象庁長官への届出は必要ないものとされる．よって，文(b)は誤りである．

　文(c)：気象業務法第7条第1項の規定により気象測器を備え付けなければならない船舶は，気象庁長官に気象及び水象の観測の成果を報告しなければならず（同条第2項），これが備える気象測器は，検定に合格したものでなければならない（同法第9条第1項）．よって，文(c)は正しい．

　文(d)：気象庁長官は，気象の観測網を確立するため必要があると認めるときは，気象の観測施設の設置を届け出た者に対し，気象の観測の成果を報告することを求めることができる（気象業務法第6条第4項）．よって，文(d)は正しい．

　したがって，本問の解答は，「(b)のみ誤り」とする②である．

問14解答　②

一般知識

問15　災害対策基本法における市町村の責務等に関する次の文章の下線部(a)〜(c)の正誤の組み合わせとして正しいものを、下記の①〜⑤の中から1つ選べ。

　　災害対策基本法において、市町村は、当該市町村の住民の生命、身体及び財産を災害から保護するため、(a) 地域防災計画を作成し、実施する責務を有しており、市町村長は、災害が発生し、または発生する恐れがある場合には、(b) 避難のための立ち退きを居住者等に指示することができる。また、市町村長は、災害の発生に際して、避難のための立退きを行うことによりかえって人の生命又は身体に危険が及ぶおそれがあり、緊急を要すると認めるときは、高所への移動、近傍の堅固な建物への退避その他の (c) 緊急に安全を確保するための措置（緊急安全確保措置）を居住者等に指示することができる。

	(a)	(b)	(c)
①	正	正	正
②	正	正	誤
③	正	誤	正
④	誤	正	正
⑤	誤	誤	誤

一般知識　**問 15　解説**

　本問は，平時及び発災前・発災時における市町村の災害対策についての設問である．

　下線部(a)：市町村は，当該市町村の地域に係る防災に関する計画を作成し，これを実施する責務を有する（災害対策基本法第 5 条第 1 項）．よって，下線部(a)は正しい．

　下線部(b)：市町村長は，災害が発生し，又は発生するおそれがある場合において，災害の拡大を防止するために特に必要があると認めるときは，必要と認める地域の必要と認める居住者等に対し，避難のための立退きを指示することができる（災害対策基本法第 60 条第 1 項）．よって，下線部(b)は正しい．

　下線部(c)：市町村長は，災害が発生し，又はまさに発生しようとしている場合において，避難のための立退きを行うことによりかえって人の生命又は身体に危険が及ぶおそれがあり，かつ，事態に照らし緊急を要すると認めるときは，必要と認める地域の必要と認める居住者等に対し，高所への移動，近傍の堅固な建物への退避等の措置を指示することができる．こうした措置を「緊急安全確保措置」と称する（災害対策基本法第 60 条第 3 項）．よって，下線部(c)は正しい．

　したがって，本問の解答は，「(a)正，(b)正，(c)正」とする①である．

問 15 解答　①

学 科 試 験

予報業務に関する専門知識

専門知識

問1　気象庁が行っている全天日射や直達日射の観測について述べた次の文 (a)〜(c)の正誤の組み合わせとして正しいものを、下記の①〜⑤の中から１つ選べ。

(a) 全天日射量は、太陽から直接地上に到達する日射を太陽光線に垂直な面で受けた単位面積あたりのエネルギー量である。

(b) 直達日射量は、日の出前や日の入り後の薄明においてもわずかながら観測される。

(c) 気象庁では、観測した直達日射量を用いて、日射が大気中を通過するときのエーロゾル等による日射の減衰を表す指標（大気混濁係数）を算出している。

	(a)	(b)	(c)
①	正	正	正
②	正	正	誤
③	正	誤	正
④	誤	誤	正
⑤	誤	誤	誤

専門知識　**問1　解説**

　本問は，気象庁が行っている全天日射や直達日射の観測について述べた文の正誤を問う設問である．

　なお，地球に到達する太陽放射エネルギーのうち約97％を占める短波長（0.29〜3.0μm）の太陽放射を日射という（気象庁，「気象観測の手引き」，1998）．

　文(a)：日射は，大気中を通過する間に，空気分子・エーロゾル・雲等によって部分的に吸収，散乱，反射される．このうち，散乱・反射されることなく，太陽面から直接地上に到達する日射が「直達日射」であり，太陽光線に垂直な面で受けた単位面積あたりの直達日射のエネルギー量を直達日射量という．一方，「全天日射」は，散乱によって天空の全方向から入射する日射，雲から反射した日射及び直達日射を合わせたもので，水平面で受けた単位面積あたりの全天日射のエネルギー量を全天日射量という．よって，文(a)は誤りである．

　文(b)：直達日射は地球大気中で散乱・反射されることなく，太陽から直接地上に到達する日射なので，直達日射量が観測されるのは日の出から日の入りまでである．よって，「日の出前や日の入り後の薄明においてもわずかながら観測される」とする文(b)は誤りである．

　なお，全天日射量は，日の出前と日の入り後の薄明にもわずかながら観測される．

　文(c)：気象庁では，地上で観測された直達日射量を基にこれから大気混濁係数（ホイスナー・デュボアの混濁係数）を算出している．大気混濁係数は，大気中のエーロゾル，水蒸気，オゾン，二酸化炭素などの吸収・散乱による日射の減衰を表す指標で，値が大きいほど減衰が大きいことを示している（参考図）．よって，文(c)は正しい．

　したがって，本問の解答は，「(a)誤，(b)誤，(c)正」とする④である．

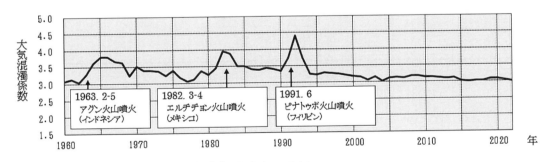

　　参考図　大気混濁係数の経年変化（気象庁 HP より）
　　　　国内5地点（網走（2020年までは札幌），つくば，福岡，石垣島，南鳥島）の
　　　　平均．水蒸気や黄砂の影響等を少なくするため月最小値の平均が示されてい
　　　　る．火山噴火による成層圏エーロゾルの影響が明瞭に確認できる．

問1解答　④

専門知識

問2　気象庁が行っているウィンドプロファイラ観測について述べた次の文(a)～(d)の正誤の組み合わせとして正しいものを、下記の①～⑤の中から１つ選べ。

(a) ウィンドプロファイラは、上空に向かって発射された電波が大気の乱れ等で散乱されて戻ってきた時の電波の強度の情報を利用して、上空の風向風速を測定する装置である。

(b) 雨が降っている場合、大気の乱れによる電波の散乱よりも雨粒による散乱の方が強いため、測定された鉛直方向の速度は雨粒の落下速度を捉えたものとなる。

(c) 上空の大気が湿っているほど、電波が水蒸気によって減衰する量が多くなることから、観測可能な高度は低くなる傾向がある。

(d) ウィンドプロファイラの観測データは、大気現象の監視や大気の立体構造の把握に利用されるとともに、数値予報の初期値作成にも利用されている。

	(a)	(b)	(c)	(d)
①	正	正	誤	正
②	正	誤	正	誤
③	誤	正	正	正
④	誤	正	誤	正
⑤	誤	誤	誤	正

専門知識　**問2　解説**

　本問は，気象庁が行っているウィンドプロファイラ観測について述べた文の正誤を問う設問である．

　文(a)：気象庁のウィンドプロファイラは，地上のアンテナから 1.3GHz（波長約 22cm）の電波を天頂および天頂から東西南北に少し傾けた方向にそれぞれ発射し（５つのビーム），大気の乱れ（ゆらぎ）などによって散乱されて戻ってくる微弱な電波を再びアンテナで受信している．大気の乱れなどの散乱体は周囲の風に流されているので，受信電波のドップラー周波数のずれを計測することで，ウィンドプロファイラは各ビームの視線方向の散乱体のドップラー速度を，さらにこれらのドップラー速度を合成して上空の風向風速を測定している（参考図）．よって，「散乱されて戻ってきた電波の<u>強度</u>の情報を利用して，上空の風向風速を測定する」とする文(a)は誤りである．

　文(b)：ウィンドプロファイラ観測は，雨が降っていない時には，大気の乱流に伴う空気屈折率の
ゆらぎを散乱体とするブラッグ散乱波を受信して行われる．一方，雨が降っている場合，雨粒による
電波のレイリー散乱の方が大気の乱れによるブラッグ散乱より散乱される電波が強くなるので，測定
された鉛直方向の速度は雨粒の落下速度を捉えたものとなる．よって，文(b)は正しい．

　文(c)：前述のように，雨が降っていない時は，大気乱流に伴う空気屈折率のゆらぎが散乱体と
なっている．空気屈折率は気温や湿度などで決まっており，無降水時に観測可能な高度は大気中の水
蒸気量の影響を受けることになる．大気中に水蒸気が多く含まれる場合には，電波の散乱が強くなる
ため，高い高度までの観測が可能であるが，逆に乾燥した大気では観測できる高度が低くなる．実
際，観測可能な高度は，大気中の水蒸気量が多い暖候期に高くなり，水蒸気が少ない寒候期に低くな
るという季節変化が認められている．よって，「上空の大気が湿っているほど，観測可能な高度は低
くなる傾向がある」とする文(c)は誤りである．

　文(d)：気象庁では，全国33カ所のウィンドプロファイラで，最大12km（季節や天気などの気象
条件によって変わる）までの上空の風を高度300m毎に，10分間隔で観測している．これらの観測
データは，大気現象の監視や大気の立体構造（例えば，前線や台風の通過，これらの立体構造など）
の把握に利用されるとともに，数値予報の初期値作成にも利用されている．よって，文(d)は正しい．

　したがって，本問の解答は，「(a)誤，(b)正，(c)誤，(d)正」とする④である．

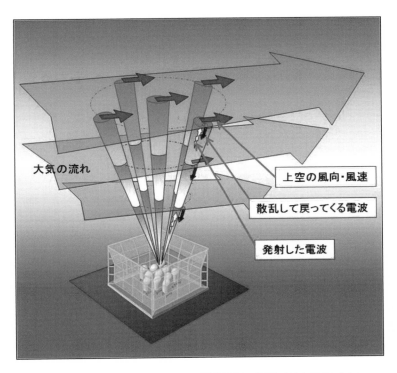

参考図　ウィンドプロファイラ観測原理の概要（気象庁HPより）

問2解答　④

86

専門知識

問3　気象庁で使用している電波や光を利用した観測機器(a)〜(c)と、これらを用いて行う観測の対象ア〜オの組み合わせとして最も適切なものを、下記の①〜⑤の中から1つ選べ。

〔観測機器〕　(a) ブリューワー分光光度計
　　　　　　　(b) ドップラーレーダー
　　　　　　　(c) ドップラーライダー

〔観測対象〕　ア：上空のオゾン量
　　　　　　　イ：上空の水蒸気量
　　　　　　　ウ：降水強度の分布、降水域における風の分布
　　　　　　　エ：非降水時の風の分布や低層ウィンドシアー
　　　　　　　オ：雲底の高さ

	(a)	(b)	(c)
①	ア	ウ	エ
②	ア	ウ	オ
③	イ	ウ	エ
④	イ	エ	ウ
⑤	イ	エ	オ

専門知識　**問3　解説**

　本問は、気象庁で使用している電波や光を利用した観測機器の観測対象を問う設問である．

　観測機器(a)：ブリューワー分光光度計（参考図1）は、太陽光を回折格子で分光し光電子増倍管を使って紫外線の波長別強度を測定するものである．オゾンに吸収されやすい波長の紫外線と吸収されにくい波長の強度比から設置面上空のオゾンの総量を観測（オゾン全量観測）する．また、日の出や日の入りを挟む時間帯における紫外線の強度比の連続的な測定から上空のオゾンの鉛直分布を導く観測（オゾン反転観測）を行っている．よって、観測機器(a)の観測対象は、「上空のオゾン量」とするアである．

　なお、気象庁では、本機器を用いた波長290〜325nmの範囲の紫外線強度観測（0.5nm毎）も実施し、地上に到達する有害紫外線（UV-B）の監視に役立てている．

　観測機器(b)：ドップラーレーダー（参考図2）は，回転するアンテナから電波（5GHz帯のマイク
ロ波）を発射して，雨や雪などの降水粒子から後方散乱され戻ってくる電波を同じアンテナで受信す
る．発射した電波が戻ってくるまでの時間から降水粒子までの距離を，戻ってきた電波の強度から降
水強度を，また発射した電波と戻ってきた電波の周波数のずれ（ドップラー効果）から降水粒子の視
線方向の速度を，半径数百kmの範囲にわたり観測する．降水粒子は周囲の大気とともに流されてい
るので，観測点から見て視線方向の降水域の風（ドップラー動径風データ）も観測できる．よって，
観測機器(b)の観測対象は，「降水強度の分布，降水域における風の分布」とするウである．

　観測機器(c)：一般に，ライダー（参考図3）は，レーザー光（単一波長で位相と偏波面がそろっ
た光）をパルス状に発射し，大気中の分子やエーロゾル，雲粒などの散乱体や反射体から戻ってき
た光を受光する装置である．また，ドップラーライダーでは，ドップラーレーダーの場合と同様に，
戻ってきた光のドップラー効果を利用して散乱体の移動速度，さらにその散乱体を移動させる風が観
測できる．エーロゾルの動きを捉えることによりドップラーライダーは，ドップラーレーダーでは測
定できない非降水時にも上空の風を観測することができる．

　気象庁が3つの国際空港（成田，東京，関西）に設置している空港気象ドップラーライダーは，非
降水時の風の分布や空港周辺の風向風速の急変域（低層ウィンドシアー）を観測，検出することが
できる観測機器である．よって，観測機器(c)の観測対象は，「非降水時の風の分布や低層ウィンドシ
アー」とするエである．

　したがって，本問の解答は，「(a)ア，(b)ウ，(c)エ」とする①である．

参考図1　ブリューワー分光光度計の外観（気象庁HPより）

88

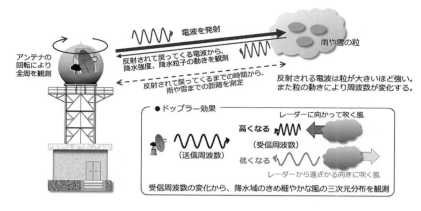

参考図 2 ドップラーレーダー観測の概要（気象庁 HP より）

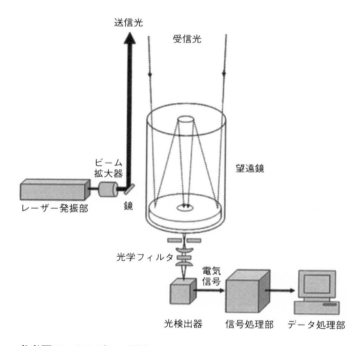

参考図 3 ライダーの構造
（石原正仁・津田敏隆『シリーズ新しい気象技術と気象学 6
最先端の気象観測』東京堂出版，2012 *p.*109）

問 3 解答 ①

専門知識

問4　気象庁が運用している数値予報の全球モデルやメソモデルについて述べた次の文(a)〜
(c)の下線部の正誤の組み合わせとして正しいものを、下記の①〜⑤の中から1つ選べ。

(a) 数値予報モデルでは、格子点法やスペクトル法を用いて水平方向の離散化が行われている。全球モデルでは、<u>水平方向の物理量の空間分布を様々な波長の波の重ね合わせとして表現するスペクトル法が用いられている。</u>

(b) 全球モデルの水平格子間隔は約13kmであり、それより小さいスケールの現象である積雲や乱流等の効果は、<u>パラメタリゼーションにより格子点の値に反映されている。</u>

(c) 全球モデルの予測値はメソモデルの予測における境界条件としても用いられているが、<u>全球モデルが改良され、その予測特性が変化しても、一般にメソモデルの予測特性は変化しない。</u>

	(a)	(b)	(c)
①	正	正	正
②	正	正	誤
③	正	誤	誤
④	誤	正	誤
⑤	誤	誤	正

専門知識　**問4　解説**

　本問は，気象庁が運用している数値予報の全球モデルやメソモデルに関する設問である．

　全球モデルは，高・低気圧や台風，梅雨前線などの水平規模が100km前後およびそれ以上の現象を予測するための数値予報モデルである．令和5年3月に水平格子間隔が20kmから13kmになり，より細かい地形や海陸分布を表現できるようになった（参考図1）．格子間隔が5kmのメソモデルは，局地的な低気圧や集中豪雨をもたらす組織化された積乱雲群など，水平規模が数10km以上の現象を予測することを目的にしている．

　文(a)：数値予報モデルでは，大気の運動を記述する偏微分方程式系を空間方向に離散化することによって，空間微分を近似的に計算している．離散化の方法には大きく分けて格子点法とスペクトル法の2種類がある．格子点法では物理量の空間分布を離散的な格子点上の値で表現するが，スペクトル法ではそれを様々な波長の波の重ね合わせで表現する（参考図2）．格子点法のほうがスーパーコンピュータによる並列計算に適するが，スペクトル法では空間微分が高精度に計算できるという利点

がある．気象庁の数値予報では，水平方向の離散化については全球モデルにスペクトル法，メソモデルと局地モデルに格子点法が用いられ，鉛直方向の離散化についてはいずれのモデルでも格子点法が用いられている．よって，文(a)の下線部は正しい．

文(b)：数値予報モデルでは格子間隔より小さい水平スケールの現象は表現できない．例えば，積雲や積乱雲の水平スケールは 10km 以下であるため，水平格子間隔 13km の全球モデルでは表現できないが，雲の中では水蒸気が凝結して潜熱が放出されるので，全球モデルが表現できる現象の熱源として作用する．また，大気境界層中の乱流の水平スケールは数センチから数百メートルであるため，これらの乱流を全球モデルで表現することはできないが，大気境界層中の乱流によって顕熱や潜熱が鉛直方向に輸送されるので，全球モデルが表現できる現象に影響する．したがって，数値予報モデルで直接表現できないからといって，その影響を無視することはできず，小さいスケールの現象が格子点の物理量に及ぼす効果を，格子点の値を用いて近似的に表現する必要がある．その計算方法をパラメタリゼーションという．したがって全球モデルでは，積雲や乱流等の効果をパラメタリゼーションによって格子点の値に反映させている．よって，文(b)の下線部は正しい．

文(c)：メソモデルの予測領域の側面境界では全球モデルの予測結果が用いられているので，メソモデルの予測結果は全球モデルの予測結果の影響を受ける．例えば，偏西風が卓越している場合には，全球モデルの予測結果が西側の側面境界から次々に予測領域に入ってくるので，予測時間が長くなるほど全球モデルの予測結果の影響が大きくなる．したがって，全球モデルが改良され，その予測特性が変化すれば，一般にメソモデルの予測特性も変化する．よって，文(c)の下線部は誤りである．

したがって，本問の解答は，「(a)正，(b)正，(c)誤」とする②である．

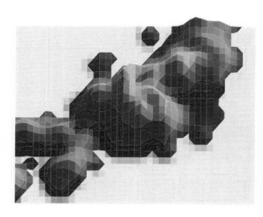 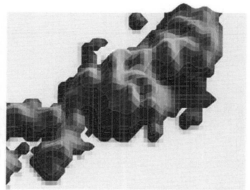

参考図 1　令和 5 年 3 月の全球モデルの改良による地形表現の変化
左が改良前，右が改良後の本州中部のモデル地形を示す．今回の改良により，湾や半島などがより明瞭に表現され，標高も現実地形により近くなった．（気象庁情報基盤部報道発表資料「降水予測の精度を改善します～数値予報モデルの改良～」令和 5 年 3 月 7 日より）

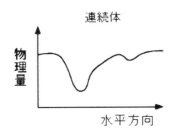
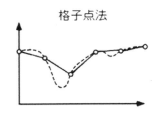
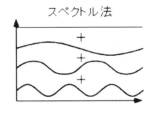

水平方向

参考図2　数値予報モデルの水平方法の離散化の模式図
　　　　大気のさまざまな物理量は連続的な分布をしているが（左図），格子点法では物理量
　　　の空間分布を離散的な格子点上の値で近似し（中図），スペクトル法では様々な波長
　　　の波の重ね合わせで近似する（右図．図中の＋は和を表す）．格子点法では格子間隔
　　　を小さくするほど，スペクトル法では用いる波の最短波長を小さくするほど精度が高
　　　くなる．スペクトル法の数値予報モデルの格子間隔は，用いる波の最短波長を格子間
　　　隔に換算した値である．（気象庁情報基盤部「令和5年度数値予報解説資料集」より）

問4解答　②

専門知識

問5 気象庁の数値予報モデルを用いたアンサンブル予報について述べた次の文(a)〜(d)の
下線部の正誤について、下記の①〜⑤の中から正しいものを1つ選べ。

(a) 局地的な強雨など、位置ずれの影響が大きい局所的な現象の予想において、アンサン
ブル平均は、<u>降水などの気象要素の分布が平滑化され、実際に現れる気象要素の極値
などが表現されるとは限らない</u>ため、個々のメンバーの予想にも留意する必要がある。

(b) 予報結果のアンサンブル平均をとることで、<u>数値予報モデルが持つランダム誤差を
低減することはできるが、系統的な誤差を除去することはできない</u>。

(c) 局地的な大雨のように、メソモデルで表現することは可能だが予測することが難しい
現象は、メソアンサンブル予報でも予測は難しいが、<u>複数のメンバーの予測結果を用
いることにより現象の発生を確率的に捉えることができるようになる</u>。

(d) アンサンブル予報のスプレッドが大きい場合は、スプレッドが小さい場合に比べて、
<u>一般に予報の信頼度が高い</u>。

① (a)のみ誤り
② (b)のみ誤り
③ (c)のみ誤り
④ (d)のみ誤り
⑤ すべて正しい

専門知識 **問5 解説**

本問は，気象庁の数値予報モデルを用いたアンサンブル予報に関する設問である．

アンサンブル予報では，初期値などにわずかな誤差を加えて多数の数値予報を行う．その結果を統計的に処理することで，不確実性を考慮した予測が可能になる．それぞれの数値予報の予測をアンサンブルメンバー（または単にメンバー），すべてのメンバーを平均した予測をアンサンブル平均という．気象庁では，メソアンサンブル予報システム，全球アンサンブル予報システム，波浪アンサンブル予報システム，季節アンサンブル予報システムが運用されている．

文(a)：アンサンブル平均すると，個々のメンバーに含まれる予測の不確実性が高い部分同士が打ち消しあうので，平均的な気象状態の予測精度を上げることができる．しかし，局地的な強雨など，予測の位置ずれの影響が大きい局所的な現象の予想においてアンサンブル平均すると，降水などの気象要素の分布が平滑化され，実際に現れる気象要素の極値などが表現されるとは限らなくなる．この

ため，降水量の極値などを予想するためには，個々のメンバーの予想にも留意する必要がある．よって，文(a)の下線部は正しい．

　文(b)：予測結果のアンサンブル平均をとると，個々のメンバーに含まれる不確実性が高い部分同士が打ち消しあうので，数値予報モデルが持つランダム誤差を低減することができる．しかし，数値予報モデルの系統的な誤差はどのメンバーにも共通する誤差なので，アンサンブル平均によって除去することはできない．よって，文(b)の下線部は正しい．

　文(c)：局地的な大雨のようにメソモデルで予測が難しい現象は，メソアンサンブル予報でも予測は難しい．しかし，多数のメンバーの予測結果から，現象の発生を確率的にとらえることができる．例えば，特定の現象が予測されるメンバーの全メンバーに対する割合を求めることによって，確率的な情報が得られる．特に，気象要素の値がある閾値以上になる確率（超過確率）は，注目している現象について予測の確からしさを把握するためによく用いられる（参考図）．よって，文(c)の下線部は正しい．

　文(d)：全メンバーの予測について標準偏差を求めたものをアンサンブルスプレッド（または単にスプレッド）という．スプレッドはメンバーのばらつき具合を表す量で，スプレッドの大きさから予測の不確実性の大きさを判断できる．スプレッドが大きい場合は，スプレッドが小さい場合に比べて，一般に予測の信頼度が低い．よって，文(d)の下線部は誤りである．

　したがって，本問の解答は，「(d)のみ誤り」とする④である．

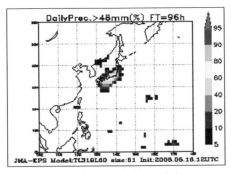 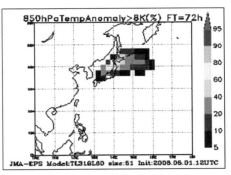

24時間降水量が48mm以上となる確率　　　　850hPa面気温の偏差が8℃以上となる確率

　　参考図　全球アンサンブル予報から作成された超過確率分布の例
　　　　　　左の図は24時間降水量が48mm以上となる確率分布，右の図は850hPa面の気温の気候値からの偏差が8℃以上となる確率分布を表す（凡例の単位：%）．超過確率が高いほど予測が確からしいといえる．（気象庁情報基盤部「令和5年度数値予報解説資料集」より）

問5解答　④

専門知識

問6　気象庁で作成しているガイダンスについて述べた次の文(a)〜(c)の下線部の正誤の組み合わせとして正しいものを、下記の①〜⑤の中から1つ選べ。

(a) 風ガイダンスは、過去の数値予報(説明変数)と実況(目的変数)から統計的に作成した予測式を用いて補正するガイダンスであり、数値予報モデルの地形と実際の地形の違い等に起因する風向・風速の予測誤差を低減している。

(b) 視程ガイダンスのように、数値予報では直接予測しない気象要素を目的変数の定義などに基づいて決めた予測式を用いて診断的に算出するガイダンスでは、一般に、数値予報モデルの予測特性が変わるとガイダンスによる予測結果の予測特性も変化する。

(c) メソアンサンブル予報の各メンバーから作成した気温ガイダンスは、単独のメソモデルから作成した気温ガイダンスと同じ手法で作成されており、そのアンサンブル平均は、一般に、単独のメソモデルから作成した気温ガイダンスより予測精度が低い。

	(a)	(b)	(c)
①	正	正	正
②	正	正	誤
③	正	誤	誤
④	誤	正	誤
⑤	誤	誤	正

専門知識　**問6　解説**

　本問は，天気予報ガイダンスに関する設問である．ガイダンスに関する説明は「令和5年度数値予報解説資料集」（2024年1月，気象庁HP）に詳しいので，一読をお勧めする．

　文(a)：風ガイダンスはカルマンフィルタを用いて，数値予報モデルによる風予測の東西・南北成分を説明変数とし，アメダスや空港の毎正時の風の東西・南北成分（実況値）を目的変数として統計処理し，多項式の係数を逐次学習して求められる．東西成分と南北成分を別々に統計処理することで，風速だけでなく風向についても，モデル地形と実際の地形との違いに起因する予測誤差を低減することができる．よって，文(a)の下線部は正しい．

　文(b)：設問にある「診断的に算出するガイダンス」という用語にはあまり馴染みがないかもしれないが，論理的な関係式や過去の調査研究から得られた経験式などを使い，数値予報モデルの出力を目的変数（たとえば視程）の予測値に変換するタイプのガイダンスである．このタイプのガイダンスでは，観測データを必要としないので，面的な分布を表示することができる利点がある．一方，モデルの系統誤差を観測値で補正しないため，数値予報モデルの予測特性に依存することになり，その特性が変わるとガイダンスの予測特性も変化することになる．よって，文(b)の下線部は正しい．

　文(c)：メソアンサンブル予報に対する気温ガイダンスでは，各メンバーに対するカルマンフィルタの係数は逐次学習せず，同じ初期時刻のメソモデルのカルマンフィルタの係数をそのまま用いている．一般的に，アンサンブル平均した気温ガイダンスの予測精度は，単独のメソモデルから作成された気温ガイダンスより精度が高いことが示されている（例えば「令和元年度数値予報研修テキスト」（気象庁HP））．よって，文(c)の下線部は誤りである．

　したがって，本問の解答は，「(a)正，(b)正，(c)誤」とする②である．

問6解答　②

専門知識

問7　気象庁が発表している雷ナウキャストについて述べた次の文(a)〜(c)の正誤の組み合わせとして正しいものを、下記の①〜⑤の中から1つ選べ。

(a) 雷ナウキャストは、雷監視システムや気象レーダーの観測結果などをもとにして、雷の激しさや雷の可能性を解析し、1時間後までの予測を行うもので、10分毎に更新される。

(b) 雷ナウキャストでは、雷雲の位置を過去の移動に基づいて予測するとともに、統計的手法により盛衰傾向の予測も加味しており、予測の対象時間の途中で新たに発生する雷雲も予測できる。

(c) 雷の可能性や激しさを表す活動度は1から4まである。活動度1は、現在、雷は発生していないが、今後1時間以内に落雷の可能性がある状況であることを示している。

	(a)	(b)	(c)
①	正	正	正
②	正	誤	正
③	正	誤	誤
④	誤	正	正
⑤	誤	正	誤

専門知識　問7　解説

　本問は，気象庁が発表している雷ナウキャストについての設問である．この種の問題は，平成30年度第2回の専門知識の問8や，令和3年第1回の専門知識の問12など，数年に1回は出題されている．

　文(a)：雷ナウキャストは，雷の激しさや雷の可能性を1km格子単位で解析し，その1時間後（10分～60分先）までの予測を行うもので，10分毎に更新している（参考図1）．よって，文(a)は正しい．

　文(b)：雷ナウキャストでは，降水ナウキャストと同様に移動予測が主な予測手法となる．移動予測の他，雷雲の盛衰傾向を少しでも表現するため，発雷領域の特徴（周辺領域の放電数，レーダー3次元データなど）から，統計的手法により作成した関係式を用いて盛衰傾向の予測も加味している．参考図2の事例では，盛衰傾向（雷活動の増加傾向）はある程度捉えているが，現在の予測技術では，実況の大きな変化を正確に予測することは難しい状況である．また，数値予報を組み込んでいないので，移動予測や盛衰傾向の予測では，予測時刻の途中で新たに発生する雷雲は予測できない．よって，文(b)は誤り．

　文(c)：雷ナウキャストの雷の解析は，雷監視システムによる雷放電の検知及びレーダー観測などを基にして活動度1～4で表している（参考表）．雷監視システムによる雷放電の検知数が多いほど激しい雷（活動度が高い：2～4）としており，雷放電を検知していない場合でも，雨雲の特徴から雷雲を解析（活動度2）するとともに，雷雲が発達する可能性のある領域も解析（活動度1）している．雷ナウキャストが1時間先までの予報であることから，文(c)は正しい．

　したがって，本問の解答は，「(a)正，(b)誤，(c)正」とする②である．

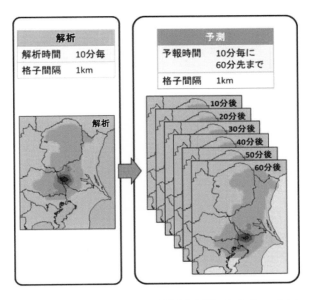

参考図1　雷ナウキャストの解析と予報（気象庁HPより）

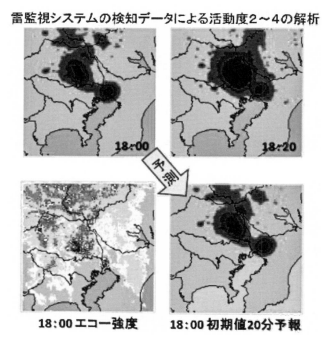

雷監視システムの検知データによる活動度2〜4の解析

18:00　18:20　予測　18:00 エコー強度　18:00 初期値20分予報

参考図 2　増加傾向の予測事例（2008 年 7 月 27 日埼玉）（気象庁 HP より）

参考表　雷ナウキャストの活動度

活動度	雷の状況		屋外において想定される対応	屋内や工場などで想定される対応
4	激しい雷 （10 分間に周囲 5km 以内で 10 個以上の落雷）†	落雷が多数発生.	・屋外にいる人は，建物や車の中へ移動するなど安全確保に努める. ・屋内にいる人は外出を控える	・パソコンなどの家電製品の電源を切る. コンセントを抜く. ・工場の生産ラインなどリスクが大きい場所では，作業の中止や自家発電への切り替えを行うなど.
3	やや激しい雷 （10 分間に周囲 5km 以内で 1 個以上の落雷）†	落雷がある.		
2	雷あり （10 分間に周囲 5km 以内で 1 個以上の雲放電）†	電光が見えたり，雷鳴が聞こえる. 落雷の可能性が高くなっている.		
1	雷可能性あり	現在，雷は発生していないが，今後落雷の可能性がある.	・今後のナウキャストや空の状況に注意	

※活動度 1〜4 となっていない地域でも，積乱雲が急速に発達して落雷する場合がある.

†雷監視システムによる夏季の活動度と雷検出数とのおよその対応（気象庁）

問 7 解答　②

専門知識

問8　図は、6月のある日の午前9時(日本時間)における気象衛星ひまわりの赤外画像(上)と可視画像(下)である。図にA〜Dで示された領域あるいは雲域について述べた次の文(a)〜(d)の下線部の正誤の組み合わせとして正しいものを、下記の①〜⑤の中から1つ選べ。

(a) 雲域Aは、日本の南海上で西南西から東北東に連なり、その多くが対流雲で構成された雲列で、発達した積乱雲が含まれている。

(b) 雲域Bには、北縁が寒気側に凸状に膨らむ「バルジ」がみられ、この雲域に対応する低気圧が、発生期・発達期・最盛期・衰弱期のうちの最盛期であることを示している。

(c) 領域Cの筋状の上層雲は、上層風の流れにほぼ直交して北西から南東方向にのびる「トランスバースライン」であると判断される。

(d) 領域Dには、この時期に北太平洋からオホーツク海にかけて広く分布する移流霧と呼ばれる霧が存在するとみられる。

赤外画像

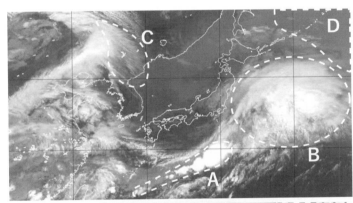

可視画像

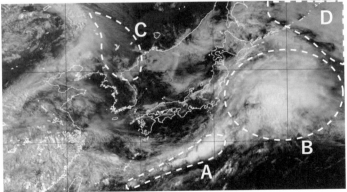

	(a)	(b)	(c)	(d)
①	正	正	誤	正
②	正	誤	正	正
③	正	誤	誤	正
④	誤	正	正	誤
⑤	誤	正	誤	正

専門知識　**問 8　解説**

　本問は，気象衛星ひまわりの赤外画像と可視画像の見方についての設問であり，使用しているのは，2022 年 6 月 12 日 9 時の画像である．前日に九州北部や中国・四国を梅雨入りさせた南岸低気圧が関東の東海上にあり，中国東北区には上空の寒冷低気圧に伴った低気圧がある（参考図 1）．気象衛星画像の見方については，令和 4 年度第 1 回の専門知識の問 11 など，毎回といってよいほど，よく出題されている．

　文(a)：参考図 2 は，赤外画像と可視画像を組み合わせてみた時の雲型判別ダイヤグラムで，可視画像と赤外面像の明暗を見比べ，雲の温度と高度から雲型を判別する方法である．注意点は，薄い上層雲は，下から来る赤外線を一部透過させるため，同じ高さにある厚い上層雲よりも温度が高くなり暗く表示されること，また，ごく低い雲や霧は，地表面の温度とあまり変らないので，赤外画像にはほとんど写らないが，可視画像では，明瞭となるので相互に見比べることが必要である．雲域 A は可視画像では白く凹凸した雲頂が見られ，赤外画像では白く輝いていることから，積乱雲（Cb）が含まれていると考えられる．よって，文(a)の下線部は正しい．

　文(b)：雲域 B には，「バルジ」と呼ばれる北端が寒気側に凸状に膨らむ雲が見える．これは発達する低気圧でよくみられる現象である（参考図 3）．また，最盛期になると，低気圧の中心に向かってドライスロットと呼ばれる雲がない領域が入ってくる（参考図 4）．雲域 B は，ドライスロットがはっきりしていないことから発達期と判断できる．よって，文(b)の下線部は誤り．

　文(c)：領域 C は，赤外画像で白く，可視画像で黒いことから上層雲であることは容易にわかるが，衛星画像だけでは，トランスバースラインかどうかの判断が難しい問題であり，間違えた受験生が多かったと思われる．トランスバースラインは，流れの方向にほぼ直角な走向を持つ小さな波状の雲列を持つ巻雲の雲列（Ci ストリーク）のことであり，通常，ジェット気流に沿って発現し，80kt 以上の風速を伴う．波状の雲列の所では上昇流が，雲列のないところでは下降流が卓越しており，大気が乱れている（乱気流が発生している）．参考図 5 の場合は，山陰から北陸の沖合にトランスバースラインが見られる（矢印）．

　領域 C の雲は，トランスバースラインにしては長すぎること，雲列と雲列の間にも弱いながら雲があることから，上空の寒冷渦の南東側で並んでいる発達した積乱雲の雲頂付近の巻雲が上空の風によって流されて形成されたものと思われる．よって，文(c)の下線部は誤り．

　文(d)：領域 D は，可視画像では灰白色で一様に見えるが，赤外画像にはほとんど見えないので，雲頂高度が低い層雲（St）または霧である．気象衛星では，雲が地表面に接しているかどうか判別できないが，6 月の北太平洋からオホーツク海は，冷たい海域に南から暖気が北上して海霧が発生しやすい季節である．よって，文(d)の下線部は正しい．

　以上のことから，本問の解答は，「(a)正，(b)誤，(c)誤，(d)正」とする③である．

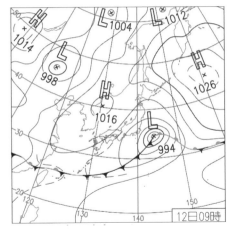

参考図1　地上天気図（2022年6月12日9時）
（気象庁HPより）

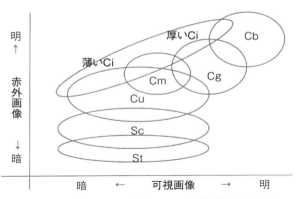

参考図2　可視画像・赤外画像による雲型判別ダイヤグラム
（気象庁）

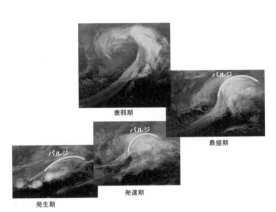

参考図3　温帯低気圧の発達過程を示した衛星赤
外画像（気象庁）

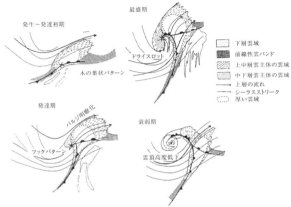

参考図4　温帯低気圧の発達に対応した雲パターン，
気象衛星画像の見方と利用（気象庁）

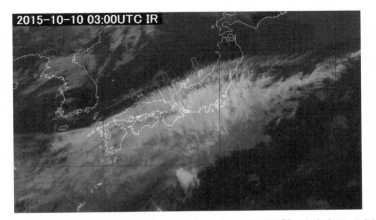

参考図5　トランスバースの例（2015年10月10日12時）（気象庁HPより）

問8解答　③

専門知識

問9　北半球の偏西風帯における、東進する発達中の温帯低気圧について述べた次の文(a)〜(d)の正誤の組み合わせとして正しいものを、下記の①〜⑤の中から1つ選べ。

(a) 温帯低気圧の発達には、水蒸気の凝結によって放出される潜熱の補給が不可欠である。

(b) 温帯低気圧の進行方向前面では暖かい空気が上昇し、後面では冷たい空気が下降することにより、温帯低気圧の運動エネルギーが増大している。

(c) 2つの異なる等圧面の鉛直方向の間隔(高度差)は、地上の温帯低気圧の東側では西側に比べて大きい。

(d) 温帯低気圧に伴う温暖前線では、寒冷前線と比較して層状性の雲が形成されやすく、乱層雲などから降水がもたらされる。

	(a)	(b)	(c)	(d)
①	正	正	正	正
②	正	誤	誤	誤
③	誤	正	正	正
④	誤	正	誤	正
⑤	誤	誤	正	正

専門知識　**問9　解説**

　本問は，北半球の偏西風帯における，東進する発達中の温帯低気圧に関する設問である．温帯低気圧は天気予報において最も重要なものの一つなので，十分理解しておくことが望ましい．

　文(a)：温帯高低気圧は基本場の南北の温度差を弱めるような構造で発達するじょう乱である．等圧面内に温度差（密度差）がある大気を傾圧大気と呼ぶが，この傾圧大気中で発達するため気象力学では傾圧不安定波と呼ばれる．エネルギー論的には基本場の南北の温度差により生じている有効位置エネルギーをエネルギー源として発達する．実際の温帯低気圧の発達には水蒸気の凝結による僭熱の放出も寄与するが必須ではない．一方台風などの熱帯低気圧は水蒸気の凝結による僭熱の放出をエネルギー源として発達する．よって，文(a)は誤り．

　文(b)：低気圧の進行方向前面にはじょう乱に伴う相対的な暖気があり，上昇流域となっている．このため，暖気を上方に運ぶ．一方後面には寒気があり，下降流域となっており，寒気を下方に運ぶ（参考図参照）．全体として暖かく軽い空気が上方に，冷たく重い空気が下方に移動するため，有効位置エネルギーは減少するので，エネルギー保存則により，その分運動エネルギーが増大し，低気圧の風速が大きくなる．有効位置エネルギーと位置エネルギーの違いはあるものの，ボールを落下させる

と位置エネルギーが減り，運動エネルギーが増すので速度が増すのと同じである．よって，文(b)は正しい．

　文(c)：発達中の低気圧では低気圧（トラフ）の軸が高さとともに西に傾いており，上層では低気圧の進行方向後面にトラフがあり，前面にリッジがある．このため，低気圧の後面で等圧面の鉛直方向の間隔（高度差）は小さく，寒気があり，前面では高度差は大きく，暖気がある（参考図参照）．よって，文(c)は正しい．

　文(d)：一般に温暖前線では暖気と寒気の境目である前線面の傾き（＝高度／水平距離）は寒冷前線と比べ小さいため，層状の雲が形成されやすく，乱層雲などにより，雨がもたらされる．一方寒冷前線では，傾きが大きく，上昇流が強くなり，積乱雲などが形成されやすい．よって，文(d)は正しい．

　したがって，本問の解答は，「(a)誤，(b)正，(c)正，(d)正」とする③である．

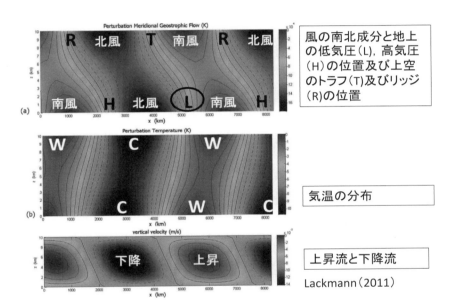

参考図　温帯高低気圧の理論的モデル（Eady 問題）に基づく擾乱の構造
このモデルは現実の温帯高低気圧の特徴をよく反映している．
（気象庁 HP　「総観気象学（基礎編）」Lackmann, G., 2011: Midlatitude
Synoptic Meteorology. American Meteorological Society, p.345 より）

問 9 解答　③

問10　台風の一般的な特徴や台風予報について述べた次の文(a)〜(d)の正誤について、下記の①〜⑤の中から正しいものを1つ選べ。

(a) 台風の発達期において、積乱雲が上昇流を維持し続けるためには、水平風の鉛直シアーが強い必要があることから、一般に水平風の鉛直シアーが強いほど台風が発達しやすい。

(b) 台風の周辺の外側降雨帯(アウターバンド)では、竜巻が発生することがある。

(c) 一般に、台風になる前の発達する熱帯低気圧の進路予報の精度は、発生直後の台風の進路予報の精度より低く、その予報円は大きい。

(d) 台風が温帯低気圧に変わる過程では、強風域が広がったり、中心から離れた場所で風が最も強くなることがある。

①　(a)のみ誤り
②　(b)のみ誤り
③　(c)のみ誤り
④　(d)のみ誤り
⑤　すべて正しい

専門知識　**問10　解説**

　本問は，台風の一般的な特徴や台風予報についての設問であり，この種の問題は，令和3年度第2回気象予報士試験の問10など，よく出題されている．

　文(a)：上空と地上付近の風の差（鉛直シアー）が強いと，上昇した雲が流されて雲頂高度が低下し，中心付近の上空に暖気核を作りにくくなるので，台風は発達しにくい．よって，文(a)は誤り．

　文(a)が誤りとすると，選択肢は①の一択となるが，他もみてみる．

　文(b)：台風のアウターバンドで竜巻が発生することは珍しくなく，2023年8月15日の5時前に和歌山県潮岬付近に上陸した台風7号が，近畿地方を北上中の8時30分頃にも，愛知県豊橋市で竜巻（改良藤田スケールJEFで階級1）が発生している（参考図1）．よって，文(b)は正しい．

　文(c)：一般に，熱帯低気圧は台風に比べてしっかりした構造を持っておらず，その後の進路の予報が難しいことを反映し，台風に対する予報円半径よりも大きい（参考図2）．よって，文(c)は正しい．

　文(d)：多くの台風は温帯低気圧になりながら弱まってゆくが，中には温帯低気圧に変わりながら再び発達する低気圧もある．参考図3は，2004年の台風18号の場合であるが，長崎に上陸した後，日本海を北東に進みながら弱まって暴風域が狭くなったが，北海道の西の海上で温帯低気圧に性質を

変えながら再び発達し，中心から離れた帯広や釧路地方でも強風が吹いている．台風では風が強い領域は中心付近に集中しているのに対し，温帯低気圧では広い範囲で強風が吹くのが特徴である．よって，文(d)は正しい．

　したがって，本問の解答は，「(a)のみ誤り」とする①である．

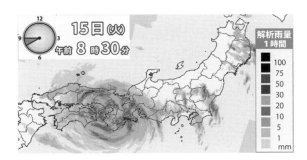

参考図1　台風7号のアウターバンドによって愛知県豊橋市で竜巻が発生したときの解析雨量（2023年8月15日8時30分）（ウェザーマップ提供）

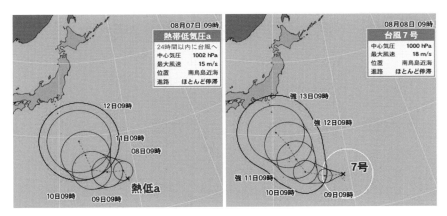

参考図2　2023年の台風7号の進路予報（8月8日9時）と台風7号が熱帯低気圧であった時の進路予報（8月7日9時）（ウェザーマップ提供）

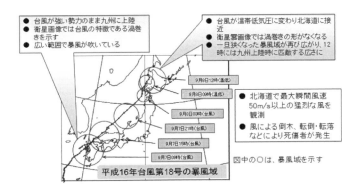

参考図3　台風から温帯低気圧に変わる過程の事例（2004年の台風18号の場合）（気象庁HPより）

問10解答　①

問11 日本における海陸風について述べた次の文(a)〜(d)の正誤について、下記の①〜⑤の中から正しいものを1つ選べ。

    (a) 風の弱い晴れた日に発生する海陸風循環は、海面上と陸面上の気温の高低が昼夜で逆転することにより、1日周期の変化が卓越する。

    (b) 一般に、海風は陸風に比べて風の吹く層の厚さが厚く、風速も大きい。

    (c) 一般に、明瞭な海風循環は冬季より夏季の方が出現しやすい。

    (d) 晴天日の日中に内陸部に向かって吹く海風は、大気下層で水平収束をもたらし、雷雨などの不安定性降水を発生させる要因となることがある。

    ① (a)のみ誤り
    ② (b)のみ誤り
    ③ (c)のみ誤り
    ④ (d)のみ誤り
    ⑤ すべて正しい

専門知識　問11　解説

本問は，日本における海陸風に関する設問である．

文(a)：風の弱い晴れた日には，海岸近くでは日中には海から陸に向かって海風が吹き，夜間には陸から海に向かって陸風が吹くという1日周期の風の変化が卓越する．このような海陸風循環は，陸面上の気温のほうが海面上の気温より日変化が大きいため，海面上と陸面上の気温の高低が昼夜で逆転することによって起こる（参考図）．海面上の気温の日変化のほうが小さいのは，海水の比熱が陸地（土壌）の比熱より大きいことや，海面からの蒸発量のほうが陸面より大きいために，吸収した太陽放射エネルギーを水蒸気の潜熱として失いやすいことなどによる．よって，文(a)は正しい．

文(b)：内陸部に向かって吹く海風は陸面からの熱の鉛直輸送によって加熱されるので，成層が不安定になって内部境界層が形成される（参考図）．一方，陸風の場合は陸面からの熱の鉛直輸送が小さいため，気温変化を起こす層の厚さが薄い．したがって，風が吹く層の厚さも薄くなり，風速も海風より小さい．言い換えれば，一般に海風は陸風に比べて風の吹く層の厚さが厚く，風速も大きい．よって，文(b)は正しい．

文(c)：単位面積当たりの地表面に入射する太陽放射エネルギーは，冬季より夏季のほうが大きい．このため，日中における陸面上の気温と海面上の気温の違いは夏季のほうが大きくなる．したがって，明瞭な海風循環は一般に冬季より夏季のほうが出現しやすい．よって，文(c)は正しい．

　文(d)：晴天日の日中に内陸部に向かって吹く海風の先端部と陸上の大気の間では，風や露点温度などが不連続的に変わっていることがあり，これを海風前線という（参考図）．海風前線付近では，大気下層で水平収束が起こり，地面から温められた空気が上昇するので，雷雨などの不安定性降水を発生させる要因になることがある，よって，文(d)は正しい．

　したがって，本問の解答は，「すべて正しい」とする⑤である．

(註) 太陽放射による加熱の違いによって1日周期で風向が反転する現象としては，ほかに山谷風がある．日中には，山の斜面に接した空気のほうが，同じ高さにある谷の上空の空気よりも加熱されるため，谷から山頂に向かって谷風が吹く．夜間には，山の斜面で冷却された空気が吹き降りてくるので，山頂から谷に向かって山風が吹く．

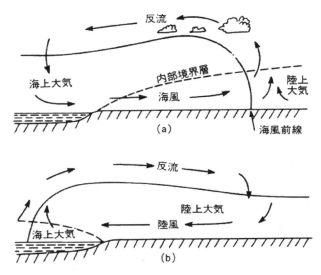

参考図　海陸風の模式図
(a)風の弱い晴れた日の日中には，陸面上の気温のほうが海面上の気温より高くなるので，海から陸に向かって海風が吹く．(b)夜間には，海面上の気温のほうが陸面上の気温より高くなるので，陸から海に向かって陸風が吹く．（竹内清秀・近藤純正『大気科学講座1　地表に近い大気』，東京大学出版会，1981，*p.186*）

問11解答　⑤

問12　気象庁が発表する特別警報、警報、注意報について述べた次の文(a)～(c)の下線部の正誤の組み合わせとして正しいものを、下記の①～⑤の中から1つ選べ。

(a) 台風等を要因とする特別警報の指標(発表条件)は、全国一律で、「伊勢湾台風」級の中心気圧930hPa以下又は最大風速50m/s以上の台風や同程度の温帯低気圧が来襲する場合に、暴風・高潮・波浪の特別警報が発表される。

(b) 翌日の明け方に警報級の大雨が発生する可能性が高いと予想される場合には、夕方の時点で「明け方までに警報に切り替える可能性が高い」ことに言及した大雨注意報が発表される。

(c) 洪水警報の発表基準における「指定河川洪水予報による基準」は、洪水警報と指定河川洪水予報を整合させるためのもので、指定河川洪水予報の基準観測点で「氾濫警戒情報」以上の発表基準を満たしている場合に洪水警報を発表することを意味している。

	(a)	(b)	(c)
①	正	正	正
②	正	誤	誤
③	誤	正	正
④	誤	正	誤
⑤	誤	誤	正

専門知識　**問12　解説**

　本問は，気象庁が発表する特別警報，警報，注意報についての設問である．

　文(a)：台風等を要因とする特別警報の指標（発表条件）は，沖縄地方，奄美地方及び小笠原諸島を除いて，「伊勢湾台風」級（中心気圧930hPa以下又は最大風速50m/s以上）の台風や同程度の温帯低気圧が来襲する場合である．沖縄地方，奄美地方及び小笠原諸島については，「伊勢湾台風」級よりも発達した，中心気圧910hPa以下又は最大風速60m/s以上の台風が指標となっている．

　そして，台風については，指標（発表条件）の中心気圧又は最大風速を保ったまま，中心が接近・通過すると予想される地域（予報円がかかる地域）における，暴風・高潮・波浪の警報を，特別警報として発表している．また，温帯低気圧については，指標の最大風速と同程度の風速が予想される地域における，暴風（雪を伴う場合は暴風雪）・高潮・波浪の警報を，特別警報として発表している．よって，文(a)は誤り．

　文(b)：気象庁では，警報に切り替わる可能性のある注意報については，警報に切り替える可能性

が高い旨を記した注意報を発表している（参考図1）．よって，文(b)は正しい．

　文(c)：河川を対象にした指定河川洪水予報は，参考図2のように区分されており，氾濫警戒情報，氾濫危険情報，氾濫発生情報が，地域を対象にした洪水警報に相当している．よって，文(c)は正しい．

　以上のことから，本問の解答は，「(a)誤，(b)正，(c)正」とする③である．

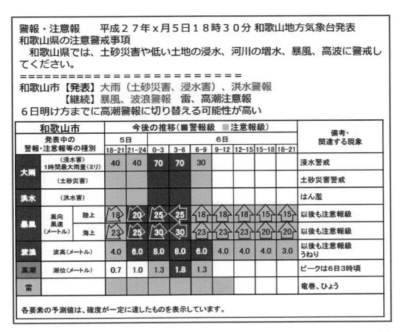

参考図1　警報に切り替わる可能性が高い注意報の例（高潮注意報の場合）

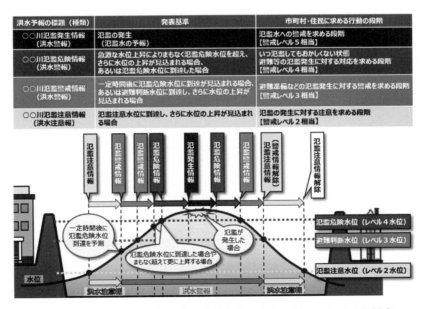

参考図2　指定河川洪水予報の発表基準と発表された場合にとるべき対応

問12解答　③

問13 気象庁が発表する大雨や洪水に関わる警報・注意報等において、発表の対象としている災害について述べた次の文(a)〜(d)の下線部の正誤について、下記の①〜⑤の中から正しいものを1つ選べ。

(a) 土砂災害警戒情報、大雨警報（土砂災害）及び大雨注意報が発表の対象としている土砂災害は、<u>大雨による土石流、急傾斜地の崩壊、地すべり、斜面の深層崩壊である。</u>

(b) 火山の噴火により火山灰が斜面などに堆積すると、通常より少ない雨で土石流や泥流が発生することがある。<u>このような場合には、土砂災害警戒情報、大雨警報（土砂災害）、大雨注意報の発表基準を暫定的に引き下げることがある。</u>

(c) 平坦地において、大河川の水位が高くなると、周辺から大河川への水の排出が困難となり、普段なら浸水の危険度が高くない程度の雨で浸水が発生することがある。<u>このような災害は、洪水警報・注意報の対象である。</u>

(d) 河川の増水は洪水警報・注意報の対象とする災害であるが、河川の流域で都市化が進むと、建物や舗装道路等による地表面の被覆率が増加し、<u>雨が地中に浸透する量が減少するなどの理由により、短時間の大雨により河川は急速に増水するようになる傾向がある。</u>

①　(a)のみ誤り
②　(b)のみ誤り
③　(c)のみ誤り
④　(d)のみ誤り
⑤　すべて正しい

専門知識　**問13　解説**

　本問は、気象庁の発表する大雨や洪水に関わる警報・注意報等についての設問である。

　文(a)：土砂災害警戒情報等が発表対象とする土砂災害の範囲を問うものである。気象庁HPによれば、「技術的に予測が困難である斜面の深層崩壊、山体の崩壊、地すべり等は、土砂災害警戒情報の発表対象とはしていません」となっており、地すべりや斜面の深層崩壊を対象とする文(a)の下線部は誤りとなる。

文(b)：地震で地盤がゆるんだり火山の噴火で火山灰が斜面などに堆積したりした場合，通常より少ない雨で崖崩れや土石流，泥流が発生する危険性が高まる．このため，土砂災害警戒情報や大雨警報（土砂災害）等の発表基準を通常より引き下げて運用することがある．よって，文(b)の下線部は正しい．

文(c)：洪水害としては，河川の水位が上昇し堤防を越えたり破堤したりするなどして堤防から水があふれる「外水氾濫」と，河川の水位が高くなることで周辺の支川や下水道から大河川への排水が困難となり水があふれる「湛水型の内水氾濫」がある（参考図）．これらの災害は洪水警報・注意報の対象である．よって，文(c)の下線部は正しい．

文(d)：問題文にあるように，都市化の影響で雨が地中に浸透する量が減少し，短時間豪雨により低地の浸水や中小河川の急速な増水が発生しやすくなる傾向にある（註）．よって，文(d)の下線部は正しい．

したがって，本問の解答は，「(a)のみ誤り」とする①である．

(註) 2008年7月の兵庫県都賀川で発生した水害では，上流で降った短時間豪雨により，わずか2分で1m以上という急激な水位上昇があり，川遊びをしていた11人が流され，小学生2人，保育園児1人を含む5人が死亡した．この原因として，河川が急勾配であることに加えて，住宅化や道路舗装が進んでいた点もあげられている．

気象庁は表面雨量指数及び流域雨量指数の計算において，都市用と非都市用の2種類のタンクモデルを導入し，都市化に応じて重みをかけて使い分けている．

参考図　湛水型の内水氾濫と外水氾濫の模式図（気象庁HPより）

問13解答　①

専門知識

問14　気象の予報の利用者 A、B、C が次の文に示す要望を持っている。関係する気象要素について、気象会社 X と Y の予報精度の検証結果が下表のとおりであるとき、それぞれの利用者が契約する気象会社として最も適切な選択を、下記の①〜⑤の中から1つ選べ。

利用者 A：　気温が 30℃を超えると、かき氷の需要が増えるので、翌日の最高気温の予報精度が高い方の気象会社と契約したい。

利用者 B：　冬の関東平野部で野外イベントを複数回開催する予定である。雨が降ると延期しなければならないので、降水の有無の予報精度が高い方の気象会社と契約したい。

利用者 C：　降水確率で翌日の商品の入荷数を決めるので、降水確率予報の精度が高い方の気象会社と契約したい。

表　予報精度の検証結果

検証対象	検証指標	X 社	Y 社
翌日の最高気温予報 (℃)	平均誤差	−0.1	0.1
	二乗平均平方根誤差	1.4	1.0
降水の有無の予報	スレットスコア	0.45	0.51
降水確率予報	ブライアスコア	0.13	0.10

	利用者 A	利用者 B	利用者 C
①	X	X	X
②	X	Y	X
③	Y	X	Y
④	Y	Y	X
⑤	Y	Y	Y

専門知識　**問 14　解説**

　本問は，利用者のニーズに適合する最適な気象会社を選択させる設問で，予報精度の検証に関するごく基本的な知識が問われている．予報の検証は毎回必ず 1 問出題される．本書 p.39 以下に示す予報精度の検証に係る事項を理解していれば，容易に解けるものばかりである．

　利用者 A：予報精度が高いとは，予報の二乗平均平方根誤差が小さいことを意味するので，Y 社の方が最高気温の予報精度は高い．よって，利用者 A は Y 社と契約するのが最適である．

　利用者 B：スレットスコアは「現象なし」で「予報なし」の事例を除いた適中率を意味し，数値が大きいほど予報精度が高い．降水の有無の予報に対するスレットスコアが大きいのは Y 社であるので，利用者 B は Y 社と契約するのが最適である．

　利用者 C：降水確率予報の精度検証にはブライアスコアが用いられる．これは，実況で現象ありの場合を 1，なしの場合を 0 としたときの，確率予報の二乗平均誤差を意味し，数値が小さいほど予報精度が高い．Y 社の方がブライアスコアの値が小さいので，利用者 C は Y 社と契約するのが最適である．

　したがって，本問の解答は，「利用者 A：Y，利用者 B：Y，利用者 C：Y」とする ⑤ である．

問 14 解答　⑤

問15 図A～Cは、3か月予報の基礎資料となる、ある冬(12月～2月)の数値予報による予想図である。図Aは海面水温の平年偏差、図Bは200hPa流線関数の平年偏差、図Cは500hPa高度及び平年偏差の予想図である。これらの図に基づく予想について述べた次の文章の下線部(a)～(c)の正誤の組み合わせとして正しいものを、下記の①～⑤の中から1つ選べ。

　　図Aでは、太平洋赤道域の中部から東部の海面水温が (a)平年より高く、エルニーニョ現象発生時に見られる特徴が予想されている。また、インドネシア付近からインド洋東部にかけては平年並みかやや低い予想となっている。図Aの海面水温分布に対応して、インドネシア付近からインド洋東部にかけては降水量が平年より少ない予想(図略)であり、このことが影響して、図Bでは、中国大陸から日本付近にかけての流れは、平年に比べて (b)中国大陸では北に、その東側では南に蛇行する予想となっている。図Cでは、 (c)日本付近は正偏差に覆われており、平年に比べて寒気が南下しにくいことが予想されている。

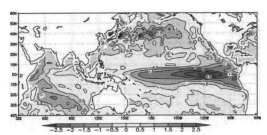

図A　海面水温平年偏差予想図
実線および破線：平年偏差(℃)

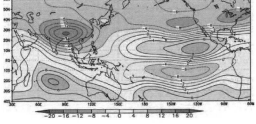

図B　200hPa流線関数平年偏差予想図
実線および破線：平年偏差(10^6m²/s)
※　流線関数と風の関係：風は流線関数の等値線に概ね平行に、数値が小さい側を左に見る向きに吹く。

	(a)	(b)	(c)
①	正	正	正
②	正	誤	正
③	正	誤	誤
④	誤	正	誤
⑤	誤	誤	正

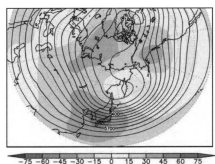

図C　500hPa高度及び平年偏差予想図
実線：高度(m)、塗りつぶし：平年偏差(m)。

※この図は，カラーで出題されています．巻末を参照して下さい．

専門知識　**問 15　解説**

　本問は，3か月予報の基礎資料となる，ある冬（12月〜2月）の数値予報資料による予想図に関する設問である．数値予報技術の発展とともに現在ではエルニーニョ現象などの熱帯の海面水温変動とその中高緯度への影響の予測もある程度可能となっており，基礎資料として重視される．ただし，北極振動の予測などはまだ十分とは言い難く，解釈には注意が必要である．

　本問ではエルニーニョ現象発生中の予測に関するものであるが，エルニーニョ現象発生中には，太平洋赤道域の東部から中部にかけては海面水温が平年より高くなり，太平洋西部熱帯域では海面水温は低温傾向となる．これに対応して，降水量は太平洋赤道域の中部から東部で平年より多くなり，西部で少なくなる（参考図1）．静止大気中において，赤道上で降水に伴う潜熱放出による熱源により上昇流が生じると，参考図2に示すような松野‐ギル（GILL）応答という特徴的なパターンが生じることが知られている．すなわち，下層では熱源に伴う上昇流の東側（ケルビン波応答）および北西と南西側（ロスビー波応答）に低気圧が形成され，上層では反対符号の高気圧が形成される．エルニーニョ現象発生中には東部から中部では平年より雨が多く，平年より強い上昇流が形成され，実際の大気では一般風が吹いているなど多少条件が異なるものの，この松野‐ギル応答偏差に似たパターンが見られる．一方，西部では平年より雨が少なく，平年偏差としては冷源となり，下降気流偏差が生じ，反対符号の下層で高気圧，上層で低気圧偏差が形成される．なお，西部熱帯太平洋からインド洋にかけてのこの大気のパターンは統計的解析によると特に上層では寒候期により明瞭となる．

　下線部(a)：本問の図Aを見ると太平洋赤道域の東部から中部で海面水温が高くなっており，エルニーニョ現象発生時の特徴となっている．よって，下線部(a)は正しい．

　下線部(b)：インドネシアからインド洋東部で海面水温が並〜低く，降水量が平年より少なくなっている．このため，初めに述べたとおり，平年と比べると冷源となり下降流が生じている．本問の図Bとその下の注釈に従えば，上層（200hPa）では下降流域の北西側に流線関数の極小値による反時計回りの循環があり，南西側には極大値による時計回りの循環がある．北半球と南半球で低気圧の周りの流れの向きが逆になることを考慮すると，これらはいずれもこの付近に低気圧性循環が形成されていることを表す（註）．北半球側では中国付近に低気圧偏差が形成されており，この付近では偏差の循環に沿って偏西風は南に蛇行している．また，その下流の日本付近では中国付近の低気圧性偏差が順圧的な構造に変質し，ロスビー波となって偏西風に沿って東に伝わるため，相対的な高気圧性循環を形成し，偏西風を北に蛇行させている（参考図3参照）．下線部(b)の文では蛇行の向きが反対である．よって，下線部(b)は誤り．

　下線部(c)：日本付近では偏西風が北に蛇行しており，本問の図Cのとおり，500hPa高度場は正偏差となっている．このため，平年と比べ寒気が南下しにくく，暖冬傾向が予測される．よって，文(c)は正しい．

　したがって，本問の解答は，「(a)正，(b)誤，d) 正」とする②である．

（註）　参考図2の松野‐GILL応答では等値線は気圧であり，本問の図B（参考図3）では非発散風のみを表現する流線関数なので特に赤道付近を中心に違ったように見えるが，応答は本質的にはほぼ同じで，熱

116

源の北西側や南西側に見えるロスビー応答はほぼ同じパターンである.

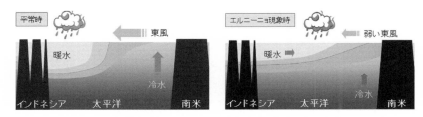

参考図 1 平常時とエルニーニョ現象発生時の太平洋熱帯域の大気と海洋の変動
エルニーニョ現象発生時には暖水が東に移動し, それに伴い対流活動も東に移動する (気象庁 HP より)

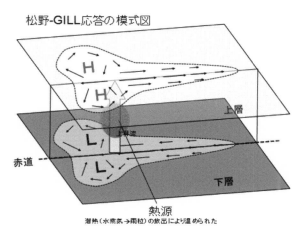

参考図 2 静止大気中の赤道上に降水に伴う熱源を置いた時生じる大気の流れ
(松野 - ギル (GILL) 応答) (気象庁 HP より)

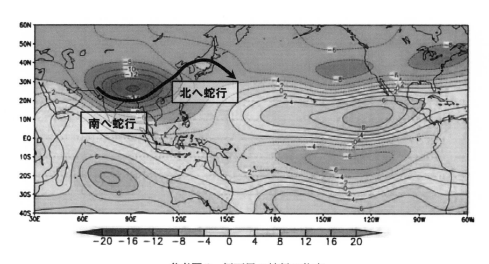

参考図 3 偏西風の蛇行の仕方

問 15 解答　②

実技試験　1

実技試験1

　次の資料を基に以下の問題に答えよ。ただし、UTC は協定世界時を意味し、問題文中の時刻は特に断らない限り中央標準時(日本時)である。中央標準時は協定世界時に対して 9 時間進んでいる。なお、解答における字数に関する指示は概ねの目安であり、それより若干多くても少なくてもよい。

図1	地上天気図		XX 年 1 月 22 日 9 時(00UTC)
図2	気象衛星赤外画像		XX 年 1 月 22 日 9 時(00UTC)
図3	500hPa 解析図(上)		XX 年 1 月 22 日 9 時(00UTC)
	850hPa 気温・風、700hPa 鉛直流解析図(下)		XX 年 1 月 22 日 9 時(00UTC)
図4	925hPa 気温・風、850hPa 鉛直流解析図		XX 年 1 月 22 日 9 時(00UTC)
図5	館野の状態曲線と風の鉛直分布		XX 年 1 月 22 日 9 時(00UTC)
図6	500hPa 高度・渦度 12 時間予想図(上)		
	地上気圧・降水量・風 12 時間予想図(下)		
図7	500hPa 高度・渦度 24 時間予想図(上)		
	地上気圧・降水量・風 24 時間予想図(下)		
図8	850hPa 気温・風、700hPa 鉛直流 12 時間予想図(上)		
	850hPa 気温・風、700hPa 鉛直流 24 時間予想図(下)		
図9	八丈島の高層風時系列図		
	XX 年 1 月 22 日 15 時(06UTC)〜23 日 3 時(22 日 18UTC)		
図10	アメダスによる風・気温実況図(上)		XX 年 1 月 22 日 12 時(03UTC)
	アメダスによる前 6 時間降水量・前 6 時間気温変化量実況図(下)		
			XX 年 1 月 22 日 12 時(03UTC)
図11	東京(上)、熊谷(中)、勝浦(下) における気象要素の時系列図		
	XX 年 1 月 22 日 3 時(21 日 18UTC)〜21 時(22 日 12UTC)		

　予想図の初期時刻は、いずれも XX 年 1 月 22 日 9 時(00UTC)

XX 年 1 月 22 日から 23 日にかけての日本付近における気象の解析と予想に関する以下の問いに答えよ。予想図の初期時刻は、いずれも 1 月 22 日 9 時(00UTC)である。

問1　図 1 は地上天気図、図 2 は気象衛星赤外画像、図 3(上) は 500hPa 解析図、図 3(下)は 850hPa と 700hPa の解析図、図 4 は 925hPa と 850hPa の解析図、図 5 は館野(茨城県つくば市)の状態曲線と風の鉛直分布で、時刻はいずれも 22 日 9 時である。これらを用いて以下の問いに答えよ。

(1)　22 日 9 時の日本付近の気象概況について述べた次の文章の空欄(①)〜(⑪)に入る適切な数値または語句を答えよ。ただし、②は 16 方位、③④⑧は漢字、⑦⑩は下の枠内から 1 つ選び、⑪は 1 つの整数で答えよ。

　　　　図 1 によると、九州の南には前線を伴って発達中の 1008hPa の低気圧があり、(①)ノットの速さで東北東に進んでいる。一方、東北地方には 1024hPa の高気圧があり(②)に進んでいる。九州の南の低気圧に対して(③)警報が発表されており、今後 24 時間以内に最大風速が 70 ノットに達すると予想されている。また、東シナ海には(④)警報が発表されており、この海域では視程が(⑤)海里以下になっているか、今後(⑥)時間以内になると予想されている。

　　　　図 2 によると、九州の南の低気圧に伴い九州付近から日本海にかけて(⑦)状をした雲頂高度の(⑧)い雲域があり、この低気圧が発達期にあることを示している。また、破線で囲まれた関東地方から関東の東には、東西に広がる雲域があり、図 1 によると、この雲域の下に位置する東京では、全雲量は 8 分量の 8 で下層雲の雲量は 8 分量の(⑨)、気温は 3℃、天気は(⑩)雪となっている。

　　　　図 3(下)によると、九州の南の低気圧に伴う前線は、850hPa 面では温暖前線は(⑪)℃の等温線に、寒冷前線は 9℃〜12℃の等温線に概ね対応している。また、華北から日本海にかけて 850hPa 面の温度傾度の大きい領域がみられる。

⑦ | コンマ　　にんじん　　バルジ |　　⑩ | 弱い　　並みの　　強い |

(2)　図 2 で破線で囲まれた関東地方から関東の東にある雲域に関して、以下の問いに答えよ。

① 図 4 を用いて、この雲域の発生に関連する 925hPa 面の風と 850hPa 面の鉛直流の特徴について、解答用紙に示した書き出しを含めて 35 字程度で述べよ。

② 館野付近での雲域の雲頂高度を図 5 から推定し、10hPa 刻みで答えよ。

(3) 東京上空の気象状態は館野と同じであるとして、図5を用いて以下の問いに答えよ。

① 東京上空での気温が0℃となる高度とその高度での湿数を、高度は10hPa刻み、湿数は1℃刻みで答えよ。

② 図1によれば、東京の地上気温は3℃とプラスとなっているが、東京の天気は雨ではなく雪となっている。この要因として考えられる東京上空の大気の状態について、解答用紙に示した書き出しも含めて30字程度で述べよ。

問2 図6と図7は500hPaと地上の12、24時間予想図、図8は850hPaと700hPaの12、24時間予想図で、初期時刻はすべて22日9時である。これらと図1と図3を用いて以下の問いに答えよ。

(1) 図1および図6(下)と図7(下)を用いて、22日9時に九州の南にあった低気圧の予想をまとめた次表の空欄（ ⑦ ）〜（ ⑪ ）に入る適切な語句または数値を答えよ。ただし、⑦①は16方位、⑦①は5刻みの整数、⑦⑪は正負の符号を付した整数で答えよ。

項目　　　　　　　　　　　日時	22日9時〜21時	22日21時〜23日9時
移動方向	（ ⑦ ）	（ ① ）
移動の速さ	（ ⑦ ）ノット	（ ① ）ノット
中心気圧変化量	（ ⑦ ）hPa	（ ⑪ ）hPa

(2) 図3(上)にはトラフAが二重線、トラフBが太い実線で記入されている。解答図は、これらのトラフの初期時刻における位置と、12時間後および24時間後の予想位置を記入するための図であるが、一部が未記入となっている。図6(上)と図7(上)を用いて、解答図にトラフAの24時間後の予想位置を二重線で、トラフBの12時間後と24時間後の予想位置を実線で記入し、それぞれ日時を付記せよ。

(3) 図7と図8(下)を参考に、24時間後に日本の東に予想されている低気圧に伴う地上の前線を、解答図に前線記号を用いて記入せよ。ただし、前線は解答図の枠線までのびているものとする。

(4) 図6(下)と図7(下)によると、12時間後までに日本海中部で新たな低気圧が発生し、その後、急速に発達する予想となっている。この低気圧に関して、以下の問いに答えよ。

① 図6と図7を用いて、12時間後と24時間後における、この低気圧から見たトラフAとの最短距離とその方向を、距離は100km刻み、方向は8方位で答えよ。

② この低気圧の発達に関わるトラフ A の 12 時間後から 24 時間後にかけての推移について、低気圧との位置関係を含めて 35 字程度で述べよ

③ 図 8(上)を用いて、この低気圧の 12 時間後から 24 時間後にかけての発達を示唆する 850hPa 面の温度移流と 700hPa 面の鉛直流の分布の特徴について、鉛直流は値を付して 60 字程度で述べよ。

問 3　図 9 は 22 日 15 時〜23 日 3 時に八丈島のウィンドプロファイラで観測された高層風時系列図である。この図と図 6〜図 8 を用いて以下の問いに答えよ。ただし、この期間の気象実況は図 6〜図 8 の予想どおりに経過しているものとする。

(1) 図 9 の最下層の観測高度(0.4km)の風向変化をもとに、22 日 9 時に九州の南にあった低気圧が八丈島の「北側」と「南側」のどちらを通過したか答え、そのように判断される理由を 25 字程度で述べよ。

(2) 図 9 で 22 日の 15 時から 18 時頃にかけて見られる高度 0.7km と 1km の間の鉛直シアーと最も関連しているものを、下の枠内から 1 つ選び記号で答えよ。

> ア：温暖前線　　　　イ：ガストフロント
> ウ：寒冷前線　　　　エ：沈降逆転層

(3) 図 9 をもとに、22 日 24 時における八丈島上空の高度 0.4km から 2.2km の気層の温度移流の状況を簡潔に答えよ。また、そのように判断した理由を 25 字程度で述べよ。

(4) 図 9 によると、21 時以降は、風が観測された高度の上限がそれまでより大きく低下して高度 2.5km 付近となっている。この理由として考えられる八丈島上空での大気の状態の変化について、その変化をもたらした図 8 に見られる気象状況に言及して、50 字程度で述べよ。

問 4　図 10 は 22 日 12 時のアメダス実況図、図 11 は 22 日 3 時〜21 時の東京と熊谷および勝浦における気象要素の時系列図である。これらを用いて以下の問いに答えよ。なお、関東地方では南部を中心に概ね 22 日 6 時過ぎから降水が観測されている。

(1) 図 10(上)には等温線が 2℃間隔で描かれている。解答図に 1℃の等温線を実線で記入せよ。ただし、1℃の等温線は 1 本のみで、解答図の枠線までのびているものとする。

122

(2) 図10には北風と北東風の間のシアーラインが太い破線で記入されている。このシアーラインに関して以下の問いに答えよ。

① 図10(上)を用いて、関東地方南部における、シアーラインを挟んだ気温分布の特徴を35字程度で述べよ。

② シアーラインは南東に移動し、22日21時までに勝浦を通過している。図11(下)を用いて、勝浦をシアーラインが通過した時刻を1時間刻みで答えよ。また、その時刻の前後3時間の間に考えられる勝浦における天気の変化を簡潔に述べよ。ただし、「通過した時刻」とは、図において通過したと判断される最初の時刻とする。

(3) 図10と図11を用いて、関東地方での気温低下について説明した次の文章の空欄（ ① ）〜（ ⑥ ）に入る適切な数値または語句を答えよ。ただし、①は整数、②は10刻みの整数、③④⑤は下の枠内から最も適切な語句を1つ選び答えよ。ここで、下の枠内の語句は1度しか使えないものとする。

　　図10(下)によると、シアーラインの北西側では、6時間前よりも気温が低下した地域は、この6時間に1mm以上の降水があった地域と概ね対応が良い。図11によると、降水域の中に位置する東京では12時までの6時間で気温が約（ ① ）℃低下し、湿度は約（ ② ）%上昇している。また、熊谷でも、12時過ぎの降水の始まりとともに気温が低下し湿度が上昇している。これらのことから、雨滴の（ ③ ）や、雪片の（ ④ ）や（ ⑤ ）によって空気が（ ⑥ ）されたことが、シアーラインの北西側で気温が低下した要因の1つと考えられる。

③④⑤ | 凝結　昇華　蒸発　成長　凍結　併合　融解　落下

(4) 東京(観測点)が位置する千代田区の気象状況について、図11(上)を用いて以下の問いに答えよ。ただし、千代田区の大雪注意報、大雪警報の発表基準は、それぞれ、12時間降雪量で5cm、10cmとする。

① 東京(観測点)の観測値を千代田区内の最大値とした場合、千代田区で大雪注意報および大雪警報の発表基準に初めて到達する時刻を、1時間刻みで答えよ。ただし、12時間降雪量はその時刻までの12時間分の1時間降雪量を足し合わせたものとする。

② 図11(上)の気象状況において、千代田区に対して大雪警報と大雪注意報以外に発表が想定される警報もしくは注意報の種類を1つ答え、その根拠を図11(上)で示されている気象要素に言及して20字程度で述べよ。

図1

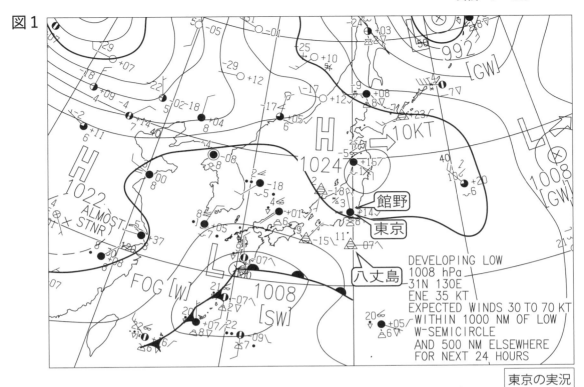

DEVELOPING LOW
1008 hPa
31N 130E
ENE 35 KT
EXPECTED WINDS 30 TO 70 KT
WITHIN 1000 NM OF LOW
W-SEMICIRCLE
AND 500 NM ELSEWHERE
FOR NEXT 24 HOURS

図1　地上天気図　　　　　　　　　　XX 年 1 月 22 日 9 時(00UTC)
　　　実線・破線：気圧(hPa)
　　　矢羽：風向・風速(ノット)（短矢羽：5 ノット、長矢羽：10 ノット、旗矢羽：50 ノット）
　　　九州の南の低気圧の予報円は削除してある

東京の実況

図2

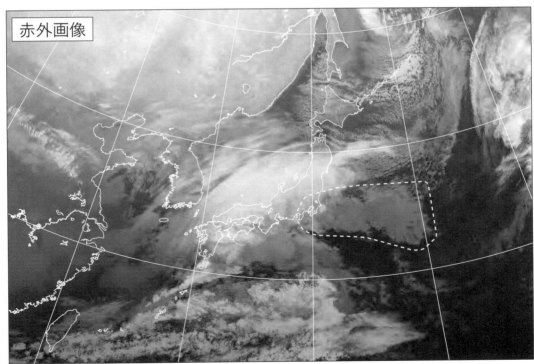

図2　気象衛星赤外画像　　　　　　　　XX 年 1 月 22 日 9 時(00UTC)

図3

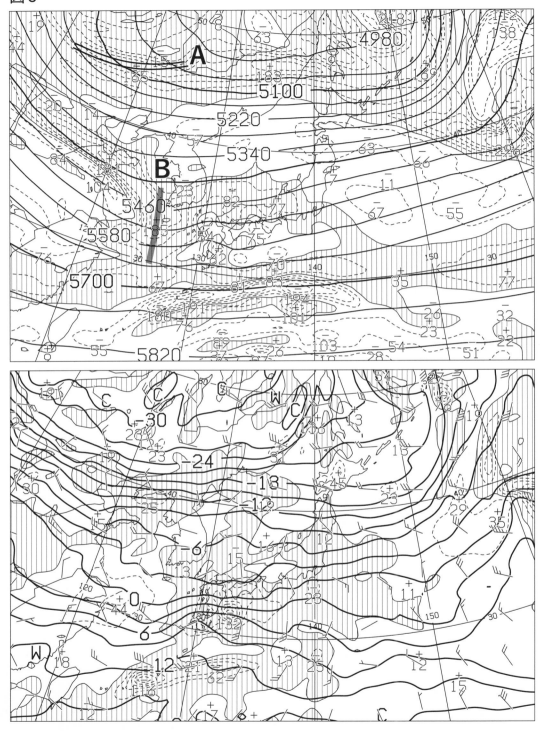

図3　500hPa 解析図（上）　　　　　　　　XX 年 1 月 22 日 9 時（00UTC）
　　太実線：高度(m)、破線および細実線：渦度(10^{-6}/s)（網掛け域：渦度＞0）

850hPa 気温・風、700hPa 鉛直流解析図（下）　　XX 年 1 月 22 日 9 時（00UTC）
　　太実線：850hPa 気温(℃)、破線および細実線：700hPa 鉛直 p 速度(hPa/h)（網掛け域：負領域）
　　矢羽：850hPa 風向・風速(ノット)（短矢羽：5 ノット、長矢羽：10 ノット、旗矢羽：50 ノット）

図4

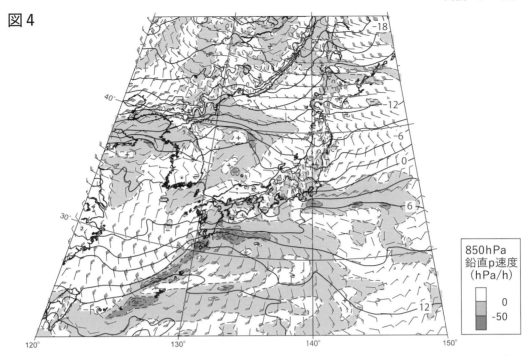

図4　925hPa 気温・風、850hPa 鉛直流解析図　　　XX 年 1 月 22 日 9 時(00UTC)
実線：925hPa 気温(℃)、破線：850hPa 鉛直 p 速度(hPa/h)（塗りつぶし域：凡例のとおり）
矢羽：925hPa 風向・風速(ノット)（短矢羽：5 ノット、長矢羽：10 ノット、旗矢羽：50 ノット）

図5

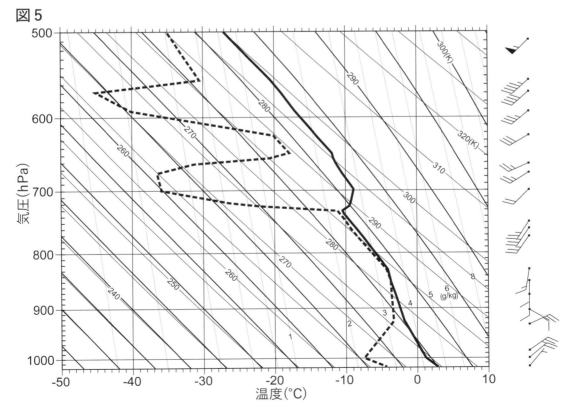

図5　館野の状態曲線と風の鉛直分布　XX 年 1 月 22 日 9 時(00UTC)
実線：気温(℃)、破線：露点温度(℃)、館野の位置は図1に表示
矢羽：風向・風速(ノット)（短矢羽：5 ノット、長矢羽：10 ノット、旗矢羽：50 ノット）

図6

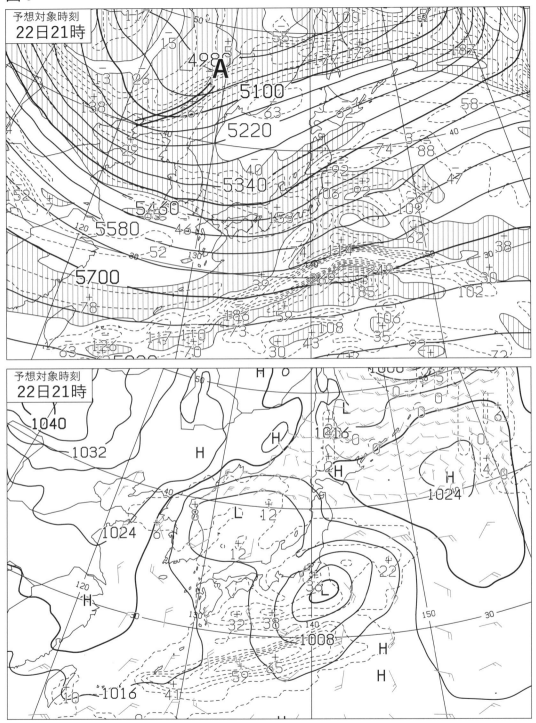

図6 500hPa 高度・渦度 12 時間予想図(上)
　　　太実線：高度(m)、破線および細実線：渦度(10⁻⁶/s)(網掛け域：渦度＞0)

地上気圧・降水量・風 12 時間予想図(下)
　　　実線：気圧(hPa)、破線：予想時刻前 12 時間降水量(mm)
　　　矢羽・風向・風速(ノット)(短矢羽：5 ノット、長矢羽：10 ノット、旗矢羽：50 ノット)

初期時刻　XX 年 1 月 22 日 9 時(00UTC)

図7

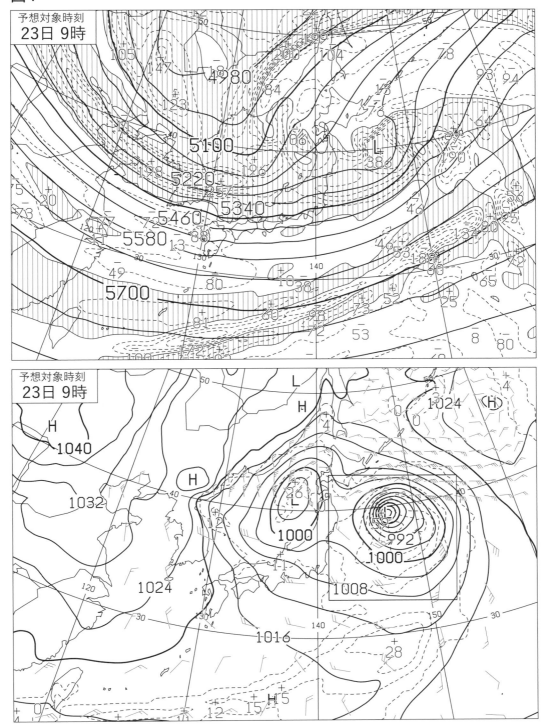

図7　500hPa 高度・渦度 24 時間予想図(上)
　　　太実線：高度(m)、破線および細実線：渦度(10⁻⁶/s)(網掛け域：渦度＞0)

　　地上気圧・降水量・風 24 時間予想図(下)
　　　実線：気圧(hPa)、破線：予想時刻前 12 時間降水量(mm) 、四角枠：問2(3)の解答図の枠線
　　　矢羽：風向・風速(ノット)(短矢羽：5ノット、長矢羽：10ノット、旗矢羽：50ノット)

　　初期時刻　XX 年 1 月 22 日 9 時(00UTC)

128

図8

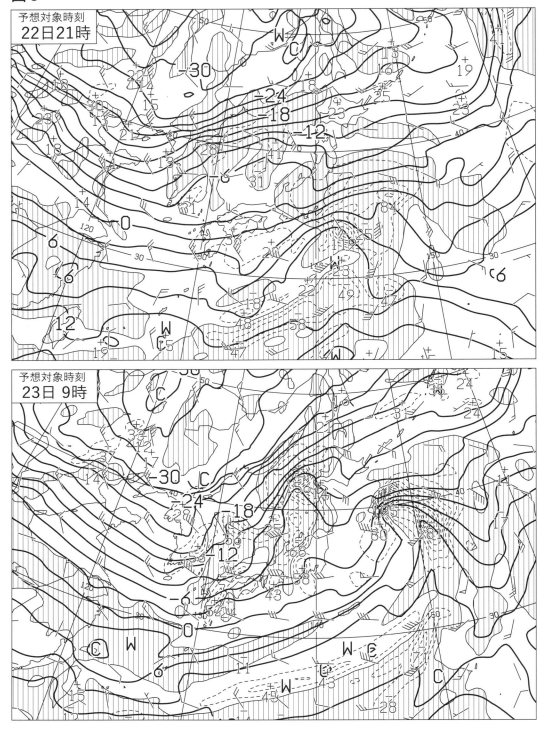

図8　850hPa 気温・風、700hPa 鉛直流 12 時間予想図(上)
　　　850hPa 気温・風、700hPa 鉛直流 24 時間予想図(下)

太実線：850hPa 気温(℃)、破線および細実線：700hPa 鉛直 p 速度(hPa/h)（網掛け域：負領域）
矢羽：850hPa 風向・風速(ノット)(短矢羽：5 ノット、長矢羽：10 ノット、旗矢羽：50 ノット)

初期時刻　XX 年 1 月 22 日 9 時(00UTC)

図9

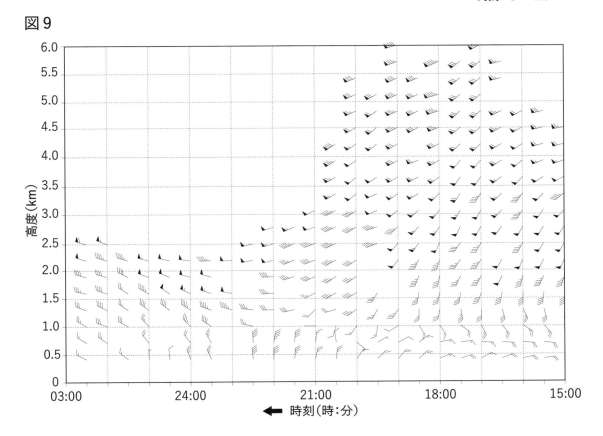

図9　八丈島の高層風時系列図

　　　XX 年 1 月 22 日 15 時(06UTC)〜23 日 3 時(22 日 18UTC)

　　　　矢羽：風向・風速(ノット)(短矢羽：5 ノット、長矢羽：10 ノット、旗矢羽：50 ノット)

　　　　観測値がない場合は空白となっている。八丈島の位置は図1に表示

図10

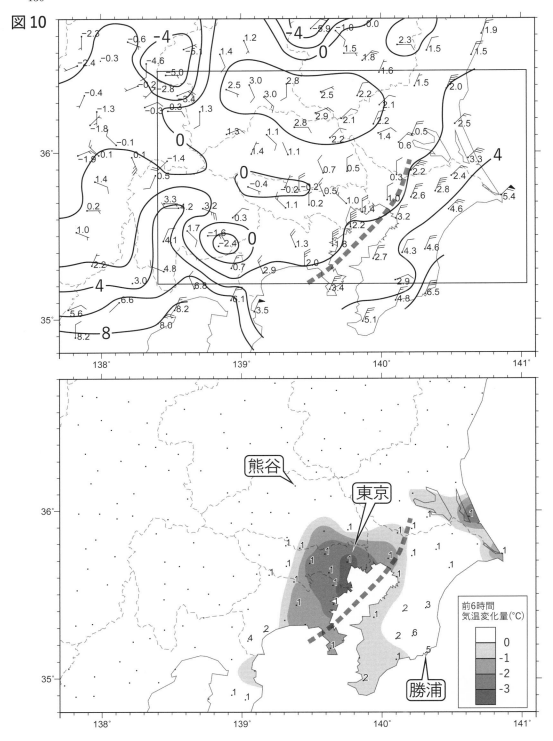

図10　アメダスによる風・気温実況図(上)　　　　　XX 年 1 月 22 日 12 時(03UTC)
　　　　数字：気温(℃)、実線：等温線(℃)
　　　　矢羽：風向・風速(m/s)(短矢羽：1m/s、長矢羽：2m/s、旗矢羽：10m/s)
　　　　四角枠：問 4(1)の解答図の枠線

　　　　　アメダスによる前 6 時間降水量・前 6 時間気温変化量実況図(下)

　　　　　　　　　　　　　　　　　　　　　　　XX 年 1 月 22 日 12 時(03UTC)

　　　　数字：前 6 時間降水量(mm)、塗りつぶし域：前 6 時間気温変化量(凡例のとおり)

図 11

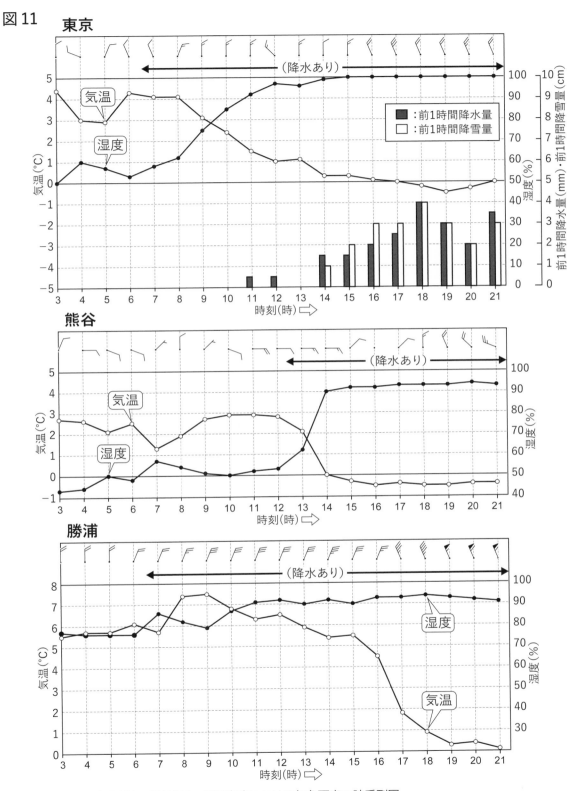

図 11　東京(上)、熊谷(中)、勝浦(下)における気象要素の時系列図

XX 年 1 月 22 日 3 時(21 日 18UTC)〜21 時(22 日 12UTC)

矢羽：風向・風速(m/s)(短矢羽：1m/s、長矢羽：2m/s、旗矢羽：10m/s)、位置は図10(下)に表示

「←(降水あり)→」：降水が観測された時間帯、熊谷と勝浦の降水量と降雪量は省略

解説　実技試験　1

　××年1月22日から23日にかけての日本付近における気象の解析と予報に関する設問である．設問は2018年1月22日，23日の事例である．参考図1.1に気象庁HP「日々の天気図」の2018年1月22日，23日の天気図とコメントを示す．2018年1月22日は，大雪に関する東京都気象速報が発表されており，速報によると「1月22日から23日にかけて，低気圧が本州の南海上を急速に発達しながら東北東に進んだため，東京都では東京地方を中心に広い範囲で大雪となった．この大雪により，東京地方では，鉄道の運休・遅延，航空機や船舶の欠航，高速道路の通行止めなどの交通障害や，積雪による転倒などの人的被害が発生した．22日10時から23日01時までの期間降雪量は，東京で23センチを観測した．」とある．

　実技試験では，天気図に慣れておくことが必要なので，気象庁HPの「気象の専門家向け資料集」（https://www.jma.go.jp/jma/kishou/know/expert/）を普段から利用するようにしておくとよい．さらに，「災害をもたらした気象事例」「日々の天気図」を見て，大雨など典型的なパターンを見慣れておくとよい．「日々の天気図」には，コメントが付いているので，大雨，大雪，暴風などで災害をもたらした日や気圧配置の特徴を学習するには好材料である．季節的な「春一番」「梅雨入り」「台風」「急速に発達した低気圧」「（西高東低の）冬型」「（南高北低の）夏型」あるいは「大雨特別警報」などの用語に注目して見るとよい．

　問1は，定番の日本付近の気象概況，赤外画像の雲の特徴，前線の気温等についての穴埋め問題である．また，雲域の生成根拠，気温が0℃以上でも雪の降る理由等，基礎知識が問われた．なお，気象用語については漢字で書けるようにしておきたい．

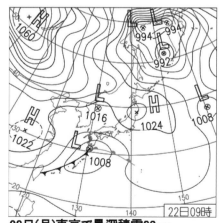

22日(月)東京で最深積雪23cm
20cm超は2014年2月以来4年ぶり．低気圧が南岸を進み夜は伊豆諸島付近へ．北日本の一部を除き全国的に雨や雪，関東中心に大雪．甲府・横浜など初雪．奄美市でヒカンザクラ開花．

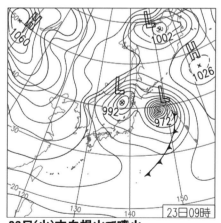

23日(火)本白根山で噴火
草津白根山の本白根山で新たな複数の火口から噴火．日本海北部で低気圧急発達西から冬型の気圧配置へ．日本海側で風雪強まり雷も．最大瞬間風速新潟県両津39m/sなど1月1位．

参考図1.1　2018年1月22日，23日の日々の天気図（気象庁）

問2は，地上低気圧の発達と移動，トラフと地上低気圧との関係，前線の描画などについての定番の問題である．

問3は，低気圧通過と風向の変化，時系列図の鉛直シアーの特徴，ウィンドプロファイラと乾燥空気との関係などが問われた．なお，高層風時系列図の時間軸が右から左になっているので注意を要する．

問4は，実況図の等温線の描画，シアーライン通過前後の天気等の特徴，下層大気中を降下する降水粒子の相変化，大雪時に発表する防災情報の種類等が問われた．

全体を通じて，特に難解な設問はなく，実技の基本知識があれば解答しやすい出題であった．

問1の解説

22日9時の地上天気図（図1），気象衛星赤外画像（図2），500hPa解析図（図3（上）），850hPaと700hPaの解析図（図3（下）），925hPaと850hPaの解析図（図4），館野（茨城県つくば市）の状態曲線と風の鉛直分布（図5）を用いての設問である．定番の日本付近の気象概況，赤外画像の雲の特徴，前線の気温等についての穴埋め問題である．また，関東地方から関東の東にある雲域の生成根拠，気温が0℃以上でも雪の降る理由等が問われている．

問1(1)の解説

22日9時の日本付近の気象概況についての穴埋め問題である．ただし，②は16方位，③④⑧は漢字，⑦⑩は下の枠内から1つ選び，⑪は1つの整数で答えよと指示されている．下の枠内には，⑦［コンマ　にんじん　バルジ］，⑩［弱い　並の　強い］となっている．

最初に地上天気図についてである．九州の南に前線を伴った低気圧があり，この低気圧については右側に記事がある．記事の内容を参考表1.1に示す．すなわち「九州の南には前線を伴って発達中の1008hPaの低気圧があり，（① 35）ノットの速さで東北東に進んでいる」となる．一方，東北地方には1024hPaの高気圧があり，移動の矢印が東向きなので「（②東）に進んでいる」となる．次に海上警報である．参考表1.2に全般海上警報の種類と記号を示す．九州の南の低気圧に対して［SW］とあるので「（③海上暴風）警報が発表」されており，低気圧に関する記事から，今後24時間以内に最大風速が70ノットに達すると予想されている．また，東シナ海には「FOG［W］」があるので「（④海上濃霧）警報が発表されており，この海域では視程が（⑤0.3）海里以下になっているか，今後（⑥24）時間以内なると予想されている」となる．

次に気象衛星赤外画像についてと東京の実況の読み取りである．九州の南の低気圧に伴う九州付近から日本海にかけて雲域がある．参考図1.2において対象となる雲域はAのエリアの雲域である．この雲域の北側はBの破線で示した発達中の低気圧を示す白く輝くバルジ状の雲が顕著である．よって下の枠内から「（⑦バルジ）状をした雲頂高度の（⑧高）い雲域があり」となり，この低気圧が発達期にあることを示している．なお，Cで示したエリアにはにんじん状の雲域も見られる．

また，破線で囲まれた関東地方から関東の東には，やや灰色のAより高度の低い東西に広がる雲域がある．この雲の下にある東京の実況である．参考図1.3に東京の実況と気象要素を示す．また，

134

参考表 1.1　発達中の低気圧の記事

発達中の低気圧の記事	
DEVELOPING LOW	発達中の低気圧
1008 hPa	中心気圧　1008hPa
31N 130E	中心位置　北緯 31 度　東経 130 度
ENE 35 KT	移動　東北東　35KT
EXPECTED WINDS 30 TO 70 KT	今後　30KT から 70KT の風が予想される
WITHIN 1000 NM OF LOW W-SEMICIRCLE	低気圧の西側半円　1000NM　以内
AND 500 NM ELSEWHERE	他の方向　500NM　以内
FOR NEXT 24 HOURS	次の 24 時間以内に

参考表 1.2　全般海上警報の種類と記号（気象庁）

記号	種類	発表基準
FOG [W]	海上濃霧警報 FOG WARNING	視程（水平方向に見通せる距離）0.3 海里（約 500m）以下，瀬戸内海は 0.6 海里（約 1000m 以下）
[W]	海上風警報 WARNING	風速 28 ノット以上 34 ノット未満（14 ～ 16m/s）
[GW]	海上強風警報 GALE WARNING	風速 34 ノット以上 48 ノット未満（17 ～ 24m/s）
[SW]	海上暴風警報 STORM WARNING	低気圧：風速 48 ノット以上（25m/s 以上） 台風：風速 48 ノット以上 64 ノット未満（25 ～ 32m/s）
[TW]	海上台風警報 TYPHOON WARNING	台風による風が風速 64 ノット以上（33m/s 以上）

現在，基準値に達しているか，今後 24 時間以内に基準値に達することが予想される場合に発表される．

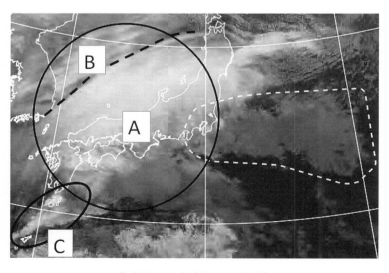

参考図 1.2　気象衛星赤外画像

参考図1.4に雲量の表示を，参考図1.5に天気図記号と解説を示す．これらから，この雲域の下に位置する東京では，全雲量は8分量の8で「下層雲の雲量は8分量の（⑨ <u>8</u>），気温は3℃，天気は（⑩ <u>弱い</u>）雪」となる．⑩は枠内から「弱い」を選べば良い．

　次に九州の南の低気圧に伴う850hPaの前線である．参考図1.6におおよその前線の位置を示す．温暖前線については0℃から6℃線が密になっており，九州の東の6℃線上に－132hPa/hの上昇流がある．よって，「850hPa面では温暖前線は（⑪ <u>6</u>）℃の等温線」になる．一方，寒冷前線は低気圧の中心から上昇流域に沿って南下させ－116hPa/hにつなげると，9℃～12℃の等温線に概ね対応している．また，華北から日本海にかけて850hPa面の温度傾度の大きい領域がみられる．

問1(2)の解説

　関東地方から関東の東にある雲域に関しての設問である．925hPa気温・風，850hPa鉛直流解析図，状態曲線と風の鉛直分布を用いて雲域の特徴を問うている．

①　925hPa気温・風，850hPa鉛直流解析図を用いて，この雲域の発生に関連する925hPa面の風と850hPa面の鉛直流の特徴について，解答用紙に示した書き出しを含めて述べよとの設問である．対象となる雲域の範囲を示した図を参考図1.7に示す．まず925hPa面の風は北東の風と東南東の風が収束している．850hPa面の鉛直流は上昇流域となっている．よって<u>「雲域付近では，北東の風と東南東の風が収束し，上昇流となっている」</u>となる．

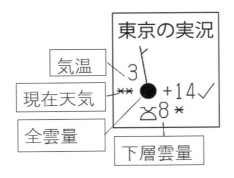

参考図1.3　東京の実況と気象要素

雲量（10分量）	なし	1以下	2～3	4	5	6	7～8	9～10⁻	10（隙間なし）	天空不明	観測しない
雲量（8分量）	なし	1以下	2	3	4	5	6	7	8	同上	同上
N 天気	○	◐	◔	◕	◑	⊕	◕	◐	●	⊗	⊖
	快晴			晴れ				曇り			

　参考図1.4　雲量の表示（気象庁）
　　　　　　観測で使用する雲量10分量と，国際天気記号形式の8分量の対比と全雲量による天気区分

注1：カッコ（　）の記号は「視界内」，右側の鈎カッコ ］は「前1時間内」に現象があったことを意味する．

注2：雨雪などの記号が横に並ぶのは「連続性」，縦に並ぶのは「止み間がある」ことを表す．左側に付した垂直の線は「現象の強化」，右側の線は「現象の衰弱」を表す．

参考図 1.5　天気図記号と解説（気象庁）
WW は現在天気，W は過去天気

② 館野付近での雲域の雲頂高度を館野の状態曲線と風の鉛直分布から推定し，10hPa刻みで答えよとの設問である．雲域の中では湿数が小さいのが普通である．館野の状態曲線では730hPa付近（参考図1.8のA）まで湿っており，その上は乾燥している．よって，10hPa刻みで「730hPa」となる．

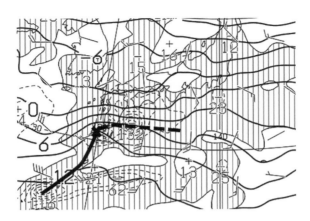

参考図 1.6　850hPa の寒冷前線（太実線）と温暖前線（太破線）

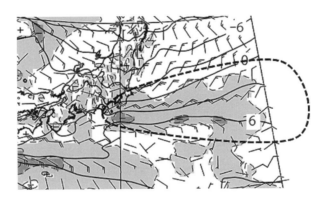

参考図 1.7　925hPa 気温・風，850hPa 鉛直流と対象となる雲域範囲（破線内）

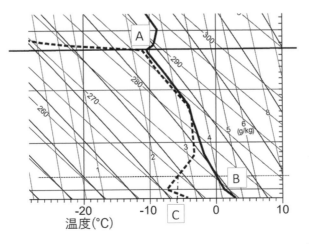

参考図 1.8　館野の状態曲線と雲頂高度（A），気温0℃の高度（B），気温0℃の高度の露点温度（C）

問1(3)の解説

東京上空の気象状態は館野と同じであるとして，館野の状態曲線と風の鉛直分布（図5）を用いて東京上空の気象状態について問う設問である．

① 東京上空での気温が0℃となる高度とその高度での湿数を，高度は10hPa刻み，湿数は1℃刻みで答えよとの設問である．参考図1.8で気温が0℃となるのは「970hPa」（B）付近である．また，この高度の露点温度は−6℃（C）であるので，0℃−（−6℃）＝6℃で湿数は「6℃」となる．

② 問1①の設問で東京の地上気温は3℃とプラスである．しかし，東京の天気は雨ではなく雪となっている．この要因として考えられる東京上空の大気の状態について，解答用紙に示した書き出しも含めて述べよとの設問である．書き出しは「東京上空では」となっている．通常は上空が雪であっても，地上付近がプラスであれば融けて雨になる．しかし，地上付近の気温0℃以上の層が薄ければ融けずに雪のまま地上に達する．この事例では970hPaより下層が0℃以上で，0℃以上の層は薄い．ちなみに，地上付近では，高度100m当たり約12hPa程度下がるので，層の厚さは600m以下である．また，0℃以上の層は乾燥している．地上付近が乾燥していると，雪片の昇華による冷却が起こり，その結果として雪のまま地上に達する．よって「東京上空では，気温が0℃以上の層が薄く，かつ乾燥している．」となる．

問2の解説

初期時刻が22日9時の500hPa高度・渦度12時間予想図（上）・地上気圧・降水量・風12時間予想図（下）（図6）と500hPa高度・渦度24時間予想図（上）・地上気圧・降水量・風24時間予想図（下）（図7），850hPa気温・風，700hPa鉛直流12時間予想図（上）・24時間予想図（下）（図8）と地上天気図（図1）と500hPa解析図（上）・850hPa気温・風，700hPa鉛直流解析図（下）（図3）を用いての設問である．低気圧の発達と，移動，トラフの移動，前線の描画，トラフと低気圧との関係などについての問題である．

問2(1)の解説

地上天気図および地上気圧・降水量・風12時間予想図，24時間予想図を用いて，22日9時に九州の南にあった低気圧の予想をまとめた表の空欄⑦〜⑦に入る適切な語句または数値を答えよとの設問である．ただし⑦④は16方位，⑦④は5刻みの整数，⑦⑦は正負の符号を付した整数で答えよと指示されている．

参考図1.9に低気圧の12時間毎の移動と中心気圧を示す．この図を参考に22日9時〜21時の低気圧の移動方向は「(⑦東北東)」，中心気圧の変化は，等圧線の描画が4hPa毎なので，1000hPa−1008hPa＝−8hPaで「(⑦−8)hPa」，移動の速さは，4cm（試験用紙，以下同じ）で緯度10度が4cmなので12時間で600海里進んだことになり，600海里÷12時間＝50ノットで「(⑦50)ノット」となる．22日21時〜23日9時の移動方向は「(④北東)」，中心気圧の変化は，972hPa−1000hPa＝−28hPaで「(⑦−28)hPa」，移動の速さは，3cmなので，600海

里 ÷ 4cm × 3cm ÷ 12 時間 ＝ 37.5 ノットで，5 刻みの整数と指示されているので「(㋓ <u>40 (35)</u>)
ノット」となる．

問2(2)の解説

　500hPa 解析図にはトラフ A が二重線，トラフ B が太い実線で記入されている．解答図は，これら
のトラフの初期時刻における位置と，12 時間後および 24 時間後の予想位置を記入するための図であ
るが，一部が未記入をなっている．500hPa 高度・渦度 12 時間予想図，24 時間予想図を用いて，解
答図にトラフ A の 24 時間後の予想位置を二重線で，トラフ B の 12 時間後と 24 時間後の予想位置を
実線で記入し，それぞれ日時を付記せよとの設問である．

　トラフの位置を決めるには，①低気圧性曲率の場所で，②プラス渦域に注目して決めればよい．参
考図 1.10 には 22 日 21 時の B のトラフの位置，参考図 1.11 には 23 日 9 時の位置を示す．これらを
まとめると参考図 1.12 になる．日時を忘れないようにする．

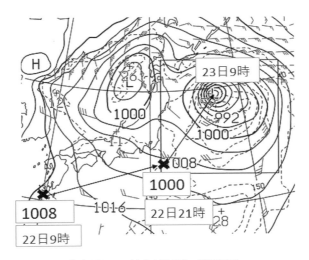

参考図 1.9　地上低気圧の時間変化

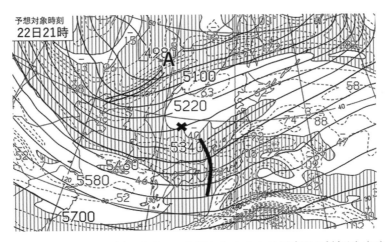

参考図 1.10　22 日 21 時のトラフの位置とトラフ A に対応する低気圧（✖）

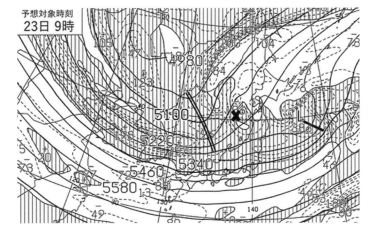

参考図 1.11　23日9時のトラフの位置とトラフAに対応する低気圧（✖）

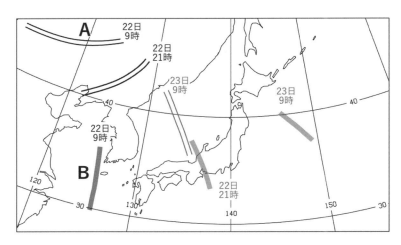

参考図 1.12　トラフの移動

問2(3)の解説

　500hPa 高度・渦度24時間予想図・地上気圧・降水量・風24時間予想図と850hPa 気温・風，700hPa 鉛直流24時間予想図を参考に，24時間後に日本の東に予想されている低気圧に伴う地上の前線を，解答図に前線記号を用いて記入せよとの設問である．ただし，前線は解答図の枠線までのびているものとすると指示されている．

　まずこの低気圧に伴う前線の閉塞の有無であるが，図7（上）の500hPa 高度・渦度予想図を見ると低気圧は強風軸（渦度0線）の北側にあり，閉塞過程の低気圧であることが分かる．このため地上の閉塞点はおおよそ強風軸（渦度0線付近）付近と目安をつける．次に850hPa 気温・風，700hPa 鉛直流24時間予想図をもとに暖気移流域，上昇流域，風向が変化するポイントに注目して寒冷，温暖前線の目安をつける（参考図 1.13）．850hPa の前線を参考に風向の変化に注意しながら前線を求める（参考図 1.14）．前線記号を忘れないようにする．

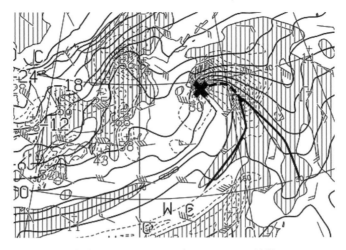

参考図 1.13　23 日 9 時の 850hPa の前線

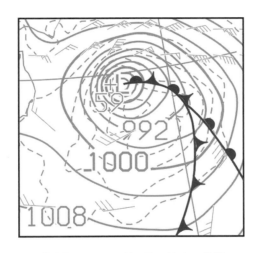

参考図 1.14　23 日 9 時の地上の前線

問2(4)の解説

　地上気圧・降水量・風 12 時間予想図と 24 時間予想図によると，12 時間後までに日本海中部で新たな低気圧が発生し，その後，急速に発達する予想となっている．この低気圧に関しての設問である．

① 　図 6 と図 7 を用いて，12 時間後と 24 時間後における，この低気圧から見たトラフ A との最短距離とその方向を，距離は 100km 刻み，方向は 8 方位で答えよとの設問である．参考図 1.10，参考図 1.11 にはトラフ A に対応する地上低気圧（✖）を示した．12 時間後は参考図 1.10 から低気圧から見たトラフ A の方向は「北西」である．最短距離は 2.1cm，緯度 10 度（1100km）が 3.7cm なので，1100km ÷ 3.7cm × 2.1km となり，100km 刻みで「600（700）km」となる．24 時間後は参考図 1.11 から低気圧から見たトラフ A の方向は「南西（西）」である．最短距離は 1.2cm なので，1100km ÷ 3.7cm × 1.2cm ≅ 357km となり，「400（300）km」となる．

② 　この低気圧の発達に関わるトラフ A の 12 時間後から 24 時間後にかけての推移について，低気

142

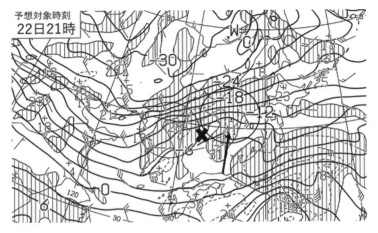

参考図 1.15　850hPa 気温・風，700hPa 鉛直流 12 時間予想図と地上低気圧（✖）　上昇流極大値（➡）

圧との位置関係を含めて述べよとの設問である．まずトラフ A の時間的推移だが，北東から南西に寝た感じのトラフから，24 時間予想では北北西から南南東に深まった．これに伴い，低気圧との位置関係については，トラフは西側から低気圧に接近した．これらから「トラフ A は，深まりながら南東進し，低気圧の西側から低気圧に接近する．」となる．

③　850hPa 気温・風，700hPa 鉛直流 12 時間予想図を用いて，この低気圧の 12 時間後から 24 時間後にかけての発達を示唆する 850hPa 面の温度移流と 700hPa 面の鉛直流の分布の特徴について述べよとの設問である．鉛直流は値を付して述べるように指示されている．

　　参考図 1.15 に低気圧中心（✖）と注目すべきエリア（○）と上昇流で最も大きな値を示す．地上の低気圧の中心付近に低気圧性の反時計回りの回転がみられる．その東側では南寄りの風が入り暖気移流となっている．一方，その西側では北寄りの風で寒気移流となっている．また，低気圧の東側には最大で− 41hPa/h の上昇流がみられる．よって「低気圧の東側で暖気移流，西側で寒気移流が予想され，低気圧の東側では最大で− 41hPa/h の上昇流が予想されている．」となる．

問 3 の解説

　　高層風時系列図は，22 日 15 時〜23 日 3 時に八丈島のウィンドプロファイラで観測された時系列図である．この図と図 6〜図 8 を用いて問いに答えよとの設問である．ただし，この期間の気象実況は図 6〜図 8 の予想どおりに経過しているものとすると指示されている．低気圧通過と風向の変化，時系列図の鉛直シアーの特徴，ウィンドプロファイラと乾燥空気との関係などが問われている．なお，高層風時系列図は時間軸が右から左になっているので注意したい．

問3(1) の解説

　　八丈島の高層風時系列図の最下層の観測高度（0.4km）の風向変化をもとに，22 日 9 時に九州の南

にあった低気圧が八丈島の「北側」と「南側」のどちらを通過したかを答え，そのように判断される理由を述べよとの設問である．低気圧性循環を持つじょう乱（低気圧）が，観測地点の右側か左側のどちら側を通過するかで，観測地点での風向変化を見ると参考図 1.16 のように変化する．この事例では低気圧の進行方向は北東なので，右（A）は低気圧が北側を通過した場合であり，左（B）は南側を通過した場合となる．八丈島では風向が反時計回りに変化しているので「南側」を通過したことになる．そのように判断される理由は「風向が東から北よりに反時計回りに変化したため.」となる．

問3 (2) の解説

　高層風時系列図で 22 日の 15 時から 18 時頃にかけて見られる高度 0.7km と 1km の間の鉛直シアーと最も関連しているものを，枠内から選び記号で答えよとの設問である．枠内には ［ア：温暖前線　　イ：ガストフロント　　ウ：寒冷前線　　エ：沈降逆転層］ とある．

　15 時から 18 時ごろにかけての八丈島は，0.7km では東寄りの風 15〜20 ノット，1km では南東から南南東の風 15〜25 ノットである．温度風から見て暖気移流の時計回りの変化している．22 日 9 時の地上天気図では八丈島は温暖前線の北側に位置しており，21 時の予想図では低気圧のやや後面になっている．よって，15 時から 18 時ごろにかけて八丈島は温暖前線の前面になっており「ア：温暖前線」になる．

問3 (3) の解説

　高層風時系列図をもとに，22 日 24 時における八丈島上空の高度 0.4km から 2.2km の気層の温度移流の状況を簡潔に答え，そのように判断した理由を述べよとの設問である．24 時の 0.4km は北北西 25 ノット，1km は北西 35 ノット，2.2km は西 50 ノットであり，反時計回りの変化をしている．よって温度風の関係から「寒気移流」，その理由は「風向が上空に向かって反時計回りに変化しているため.」となる．

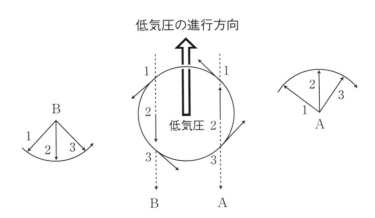

参考図 1.16　低気圧進行方向の右側の A 地点と左側の B 地点での風向の変化低気圧の風向が単純な反時計回りの風分布として，低気圧が北上する（上向きに進む）と考えると，低気圧の進行方向の右側にある A 地点の風向の変化は，時計回り方向に変化するのに対して，低気圧の進行方向の左側にある B 地点の風向の変化は，反時計回り方向に変化する．

問3(4)の解説

高層風時系列図によると，21時以降は，風が観測された高度の上限がそれまでより大きく低下して高度2.5km付近となっている．この理由として考えられる八丈島上空での大気の状態の変化について，その変化をもたらした図8（850hPa気温・風，700hPa鉛直流12，24時間予想図）に見られる気象状況に言及して述べよとの設問である．

図8（上）の22日21時は，八丈島付近は低気圧の後面で下降流域との境界付近となっている．23日9時は，低気圧は北東に移動し八丈島付近は下降流域になっている．一方，ウィンドプロファイラは大気中の風の乱れによる電波の散乱を観測しており，大気中に水蒸気が多いと電波の散乱は強いが，乾燥した大気では散乱が弱く観測データが得にくくなる．よって「低気圧西側の下降流によって乾燥した空気が，八丈島付近の高度約2.5km以上の上空まで達したため．」となる．

問4の解説

22日12時のアメダス実況図，2日3時～21時の東京と熊谷および勝浦における気象要素の時系列図を用いての設問である．なお，関東地方では南部を中心に概ね22日6時過ぎから降水が観測されていると指示されている．実況図の等温線の描画，シアーライン通過前後の天気等の特徴，下層大気中を降下する降水粒子の相変化，大雪時に発表する防災情報の種類等が問われた．

問4(1)の解説

アメダスによる風・気温実況図には等温線が2℃間隔で描かれている．解答図に1℃の等温線を実線で記入せよとの設問である．ただし，1℃の等温線は1本のみで，解答図の枠線までのびているものとすると指示されている．1℃の等温線は参考図1.17のようになる．特に難しい部分はないが，1℃の等温線はシアーラインの寒気側に位置するように書くようにするのが良い．

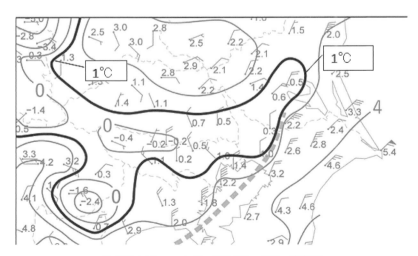

参考図1.17　アメダス実況図の1℃の等温線

問4(2)の解説

アメダス実況図には北風と北東風の間のシアーラインが太い破線で記入されている．このシアーラインに関しての設問である．

① アメダスによる風・気温実況図を用いて，関東地方南部における，シアーラインを挟んだ気温分布の特徴である．シアーラインの南東側は2℃以上であるが，北西側は南東側に比べて低い．よって「シアーラインの北西側は，南東側と比較して相対的に低温となっている．」となる．

② シアーラインは南東に移動し，22日21時までに勝浦を通過している．勝浦における気象要素の時系列図を用いて，勝浦をシアーラインが通過した時刻を1時間刻みで答え，また，その時刻の前後3時間の間に考えられる勝浦における天気の変化を述べよとの設問である．ただし，「通過した時刻」とは，図において通過したと判断される最初の時刻とすると指示されている．参考図1.18によると勝浦では17時に風向が北北東から北北西に変わる．また，気温が15時以降下降し17時には2℃近くまで下降している．この風向，気温の変化はシアーラインの暖気側，寒気側の特徴と同じである．よって通過時刻は「17時」である．17時の前後3時間の天気の変化である．参考図1.19に地上気温と相対湿度による降水種別判別図を示す．14時から17時の気温は2℃から5℃台であるので降水は雨の可能性が高い．17時から20時は0℃から2℃であり，雪に変わった可能性が高い．以上から「雨が雪（みぞれ）に変わる．」となる．参考図からも分かる通り2℃以下になると雪やみぞれになる可能性が高い．

問4(3)の解説

アメダスによる実況図と気象要素の時系列図を用いて，関東地方での気温低下について説明した次の文章の空欄（①）〜（⑥）に入る適切の数値または語句を答えよとの設問である．ただし，①は整数，②は10刻みの整数，③④⑤は下の枠内から最も適切の語句を1つ選ぶが，下の枠内の語句は1度しか使えないと指示されている．③④⑤には，[凝結　昇華　蒸発　成長　凍結　併合　融解　落

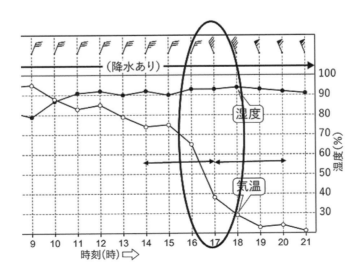

参考図1.18 勝浦のシアーライン通過前後の時系列

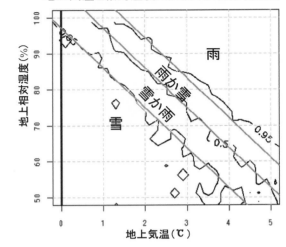

参考図1.19　地上気温と相対湿度による降水種別判別図（気象庁）

下］が入っている．

　アメダスによる前6時間降水量・前6時間気温変化量実況図によると，シアーラインの北西側では，6時間前よりも気温が低下した地域は，この6時間に1mm以上の降水があった地域と概ね対応が良い．東京の気象要素の時系列図によると，降水域の中に位置する東京では12時までの6時間で気温が6時の4.2℃から12時の1.0℃まで「約（①3）℃低下し」している．湿度は約53%から97%と44%上昇しており10刻みでは「（②40（50））%上昇している」となる．また，熊谷でも，12時過ぎの降水の始まりとともに気温が低下し湿度が上昇している．気温が下がり，湿度が上昇していることから，降下中の雨粒が「（③蒸発）」して大気から蒸発熱を奪い，また，0℃以上の大気中を通過する途中で雪片が水蒸気へ変化「（④昇華）」（④と⑤は逆も可）して大気から熱を奪い，さらに，雪片がとけることによる「（⑤融解）」熱を大気から奪って，空気が「（⑥冷却（冷や））された」ことが，シアーラインの北西側で気温が低下した要因の1つと考えられるとなる．

問4(4)の解説

　東京（観測点）が位置する千代田区の気象状況について，東京における気象要素の時系列図を用いての設問である．ただし，千代田区の大雪注意報，大雪警報の発表基準はそれぞれ，12時間降雪量で5mm，10cmとすると指示されている．

①　東京（観測点）を千代田区内の最大値とした場合，千代田区で大雪注意報および大雪警報の発表基準に初めて到達する時刻を，1時間刻みで答えよとの設問である．ただし，12時間降雪量はその時刻までの12時間分の1時間降雪量を足し合わせたものとすると指示されている．東京の時系列図から降雪が観測された14時からの降雪量と降雪量の合計を参考表1.3に示す．これによると注意報基準の5mmを超えるのは「16時」，大雪警報基準の10mmを超えるのは「18時」になる．

②　東京における気象要素の時系列図の気象状況において，千代田区に対して大雪警報と大雪注意報

以外に発表が想定される警報もしくは注意報の種類を1つ答え，その根拠を時系列図で示されている気象要素に言及して述べよとの設問である．参考表1.4に雪に関係する注意報の種類を示す．この内，雪に関する警報は大雪警報と暴風雪警報である．

　風雪注意報，暴風雪警報は強風に関する防災情報である．風に関しては最大17時で6m/sの風速であるので該当しない．なだれ注意報も千代田区には高い山はないので該当しない．着氷注意報は凍雨や水しぶきの付着，凍結により通信線や送電線への被害が起こる恐れのある時に発表されるので，東京の気温は0℃前後で推移しているので発表の可能性がある．着雪注意報は，雪が付着することによる電線等の断線や送電鉄塔等の倒壊等の被害が発生する（気温0℃付近で発生しやすい）おそれのあるときに発表するので最も可能性が高い．融雪注意報は，積雪が融解することによる土砂災害

参考表1.3　1月22日の東京の降雪量

時刻	14	15	16	17	18	19	20	21
降雪量 cm	1	2	3	3	4	3	2	3
降雪量合計 cm		3	6	9	13	16	18	21

参考表1.4　雪に関する注意報の種類

注意報	内　　容
大雪注意報	大雪注意報は、降雪や積雪による住家等の被害や交通障害など、大雪により災害が発生するおそれがあると予想したときに発表します。
風雪注意報	風雪注意報は、雪を伴う強風により災害が発生するおそれがあると予想したときに発表します。強風による災害のおそれに加え、強風で雪が舞って視界が遮られることによる災害のおそれについても注意を呼びかけます。ただし「大雪＋強風」の意味ではなく、大雪により災害が発生するおそれがあると予想したときには大雪注意報を発表します。
なだれ注意報	なだれ注意報はなだれによる災害が発生するおそれがあると予想したときに発表します。山などの斜面に積もった雪が崩落することによる人や建物の被害が発生するおそれがあると予想したときに発表します。
着氷注意報	着氷注意報は、著しい着氷により災害が発生するおそれがあると予想したときに発表します。具体的には、水蒸気や水しぶきの付着・凍結による通信線・送電線の断線、船体着氷による転覆・沈没等の被害が発生するおそれのあるときに発表します。
着雪注意報	着雪注意報は、著しい着雪により災害が発生するおそれがあると予想したときに発表します。具体的には、雪が付着することによる電線等の断線や送電鉄塔等の倒壊等の被害が発生する（気温0℃付近で発生しやすい）おそれのあるときに発表します。
融雪注意報	融雪注意報は、融雪により災害が発生するおそれがあると予想したときに発表します。具体的には、積雪が融解することによる土砂災害や浸水害が発生するおそれがあるときに発表します。
低温注意報	低温注意報は、低温により災害が発生するおそれがあると予想したときに発表します。具体的には、低温による農作物の被害（冷夏の場合も含む）や水道管の凍結や破裂による著しい被害の発生するおそれがあるときに発表します。

148

や浸水害が発生するおそれがあるときに発表するので，この程度の積雪では発表しない．低温注意報は，低温による農作物の被害や水道管の凍結や破裂による著しい被害の発生するおそれがあるときに発表するので，気温0℃前後では発表しない．ちなみに千代田区の冬期（最低気温）の発表基準は－7℃以下である．以上から「着雪注意報（着氷注意報）」となる．ただし，着氷注意報は0℃以下で雨が降っている時や凍雨の場合に発表することが多いので，発表の可能性は少ない．発表の根拠は気温や降雪の状態から「気温が0℃前後で大雪となっているため．」となる．なお，千代田区では，雪崩，融雪による災害の可能性は少ないため注意報の基準値は設定されていない．

実技 1 解答例

((一財) 気象業務支援センター発表)

問1

(1) ① 35　　② 東　　③ 海上暴風

④ 海上濃霧　　⑤ 0.3　　⑥ 24

⑦ バルジ　　⑧ 高　　⑨ 8

⑩ 弱い　　⑪ 6

11

(2) ①

雲	域	付	近	で	は	、	北	東	の	風	と	東	南	東
の	風	が	収	束	し	、	上	昇	流	と	な	っ	て	い
る	。													

② 雲頂高度：　730　hPa

4

(3) ① 高度：　970　hPa　　湿数：　6　℃

②

東	京	上	空	で	は	、	気	温	が	0	℃	以	上	の
層	が	薄	く	、	か	つ	乾	燥	し	て	い	る	。	

6

問2

(1) ⑦ 東北東　　④ 北東

⑦ 50 ノット　　① 40 (35) ノット

⑦ −8 hPa　　⑦ −28 hPa

6

150

実技　1　解答例

((一財) 気象業務支援センター発表)

(2)

6

(3)

7

(4) ① 12 時間後　距離：　　６００（７００）km　方向：　　北西

24 時間後　距離：　　４００（３００）km　方向：　南西（西）

17

②
ト	ラ	フ	A	は	、	深	ま	り	な	が	ら	南	東	進
し	、	低	気	圧	の	西	側	か	ら	低	気	圧	に	接
近	す	る	。											

実技　1　解答例
((一財) 気象業務支援センター発表)

③

低	気	圧	の	東	側	で	暖	気	移	流	、	西	側	で
寒	気	移	流	が	予	想	さ	れ	、	低	気	圧	の	東
側	で	は	最	大	で	－	4	1	h	P	a	／	h	の
上	昇	流	が	予	想	さ	れ	て	い	る	。			

問3

(1) 通過した側：　　　南側

理由

風	向	が	東	か	ら	北	よ	り	に	反	時	計	回	り
に	変	化	し	た	た	め	。							

4

(2)　　　ア

2

(3) 温度移流：　　　寒気移流

理由

風	向	が	上	空	に	向	か	っ	て	反	時	計	回	り
に	変	化	し	て	い	る	た	め	。					

4

(4)

低	気	圧	西	側	の	下	降	流	に	よ	っ	て	乾	燥
し	た	空	気	が	、	八	丈	島	付	近	の	高	度	約
2	.	5	k	m	以	上	の	上	空	ま	で	達	し	た
た	め	。												

6

実技　1　解答例
（（一財）気象業務支援センター発表）

問4

(1)

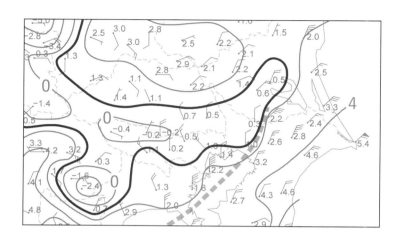

7

(2) ①

シ	ア	ー	ラ	イ	ン	の	北	西	側	は	、		南	東	側
と	比	較	し	て	相	対	的	に	低	温	と	な	っ	て	
い	る	。													

7

② 通過した時刻：＿＿＿１７＿＿＿時

天気の変化：＿＿雨が雪（みぞれ）に変わる。＿＿＿

(3) ①＿＿＿３＿＿＿　　②＿＿４０（５０）＿＿　　③＿＿蒸発＿＿

④＿＿融解＿＿＿　　⑤＿＿昇華＿＿　　⑥＿＿冷却（冷や）＿＿

6

＊④と⑤は逆も可

(4) ① 大雪注意報：＿＿＿１６＿＿＿時　　大雪警報：＿＿＿１８＿＿＿時

② 種類：＿着雪注意報（着氷注意報）＿

7

根拠

気	温	が	０	℃	前	後	で	大	雪	と	な	っ	て	い	
る	た	め	。												

実技試験　2

実技試験2

次の資料を基に以下の問題に答えよ。ただし、UTC は協定世界時を意味し、問題文中の時刻は特に断らない限り中央標準時(日本時)である。中央標準時は協定世界時に対して 9 時間進んでいる。なお、解答における字数に関する指示は概ねの目安であり、それより若干多くても少なくてもよい。

図1	地上天気図	XX 年 7 月 5 日 21 時(12UTC)
図2	500hPa 天気図	XX 年 7 月 5 日 21 時(12UTC)
図3	500hPa 気温、700hPa 湿数 12 時間予想図	
		初期時刻 XX 年 7 月 5 日 09 時(00UTC)
図4	850hPa 相当温位・風 12 時間予想図	初期時刻 XX 年 7 月 5 日 09 時(00UTC)
図5	地上気圧・降水量・風 12 時間予想図(上)	
	500hPa 高度・渦度 12 時間予想図(下左)	
	850hPa 相当温位・風 12 時間予想図(下右)	初期時刻 XX 年 7 月 5 日 21 時(12UTC)
図6	地上気圧・降水量・風 12 時間予想図(上)	
	500hPa 高度・渦度 12 時間予想図(下左)	
	850hPa 相当温位・風 12 時間予想図(下右)	初期時刻 XX 年 7 月 1 日 21 時(12UTC)
図7	気象衛星赤外画像	XX 年 7 月 6 日 9 時(00UTC)
図8	鹿児島の状態曲線と風の鉛直分布	XX 年 7 月 6 日 9 時(00UTC)
図9	レーダーエコー合成図	XX 年 7 月 6 日 9 時(00UTC)
図10	メソモデルによる 850hPa 相当温位・風・前 1 時間降水量 12 時間予想図	
図11	メソモデルによる 950hPa 相当温位・風 12 時間予想図	
図12	佐世保の気象要素の時系列図	
		XX 年 7 月 6 日 5 時(5 日 20UTC)〜17 時(6 日 08UTC)
図13	メソモデルによる 850hPa 相当温位・風・前 1 時間降水量 18 時間予想図	
図14	解析雨量図	XX 年 7 月 6 日 15 時(06UTC)

予想図の初期時刻は、図3、図4、図6を除き、いずれも XX 年 7 月5日21 時(12UTC)

なお、図6は、異なる天気における総観場の違いを対比するための図であり、予想対象時刻および初期時刻は図5の4日前である。

XX 年 7 月 5 日から 6 日にかけての日本付近における気象の解析と予想に関する以下の問いに答えよ。予想図の初期時刻は、図3、図4 は 7 月 5 日 9 時(00UTC)、図6 は 7 月 1 日 21時(12UTC)、その他はいずれも 7 月 5 日 21 時(12UTC)である。

問1　図1 は地上天気図、図2 は 500hPa 天気図、図3 は 500hPa 気温、700hPa 湿数の 12時間予想図、図4 は 850hPa 相当温位・風の 12 時間予想図であり、対象時刻はいずれも 5 日 21 時である。また、図5、図6 はともに地上、500hPa、850hPa の 12 時間予想図であり、対象時刻は図5 が 6 日 9 時、図6 はその 4 日前の 2 日 9 時である。これらを用いて以下の問いに答えよ。

(1)　5 日 21 時の日本付近の気象概況について述べた次の文章の空欄(①)〜(⑧)に入る適切な語句または数値を答えよ。ただし、①は 4 方位で、③⑧は下枠の中から選んで、⑥は十種雲形を漢字で答えよ。

　　　　図1 の地上天気図によると、日本の東に高気圧があり、ほとんど停滞している。中国東北区には中心気圧 992hPa の低気圧があり南東にゆっくり移動している。

　　　　一方、華中から東日本にかけて停滞前線がのびている。この前線の(①)側では、反対側より気圧傾度が大きく、風が(②)くなっている。

　　　　前線の南側に位置する鹿児島の地上観測によると、現在天気は強さが(③)しゅう雨、過去天気は(④)である。また、前線の北側のチェジュ島では、現在天気は(⑤)、下層では(⑥)が観測されている。

　　　　図2 の 500hPa 天気図によると、小笠原諸島から沖縄付近にかけて太平洋高気圧が西に広がっており、南大東島付近にも高気圧の中心がみられる。日本付近は強風域となっており、最大(⑦)ノットの西南西からの風が観測されている。また、500hPa の強風軸は、おおよそ地上の前線(⑧)に位置している。

　　　　図3 の 700hPa 予想図では、華中から西日本にかけて帯状に湿域がみられ、図1 の停滞前線は、おおむねその湿域の中に位置している。

③　| 弱い　　並の　　並又は強の　　強い　　激しい |

⑧　| の南側　　　とほぼ同じところ　　　の北側 |

(2)　図4 の東シナ海および日本海にはそれぞれ等相当温位線の集中帯が東西にのびている。これらと図3 の華中から西日本にのびる湿域との相対的な位置関係を述べた次の文章の空欄(①)〜(④)に入る適切な語句を、下枠の中から選んで答えよ。

　　　日本海の集中帯は、湿域の(①)に位置しており、両者は(②)いる。
　　　また、東シナ海の集中帯は、湿域の(③)に位置しており、両者は(④)いる。

| 北側　　南側　　東側　　西側　　ほぼ接して　　離れて |

156

(3) 図5の6日9時には西日本に大雨が予想されている。一方、その4日前、図6の2日9時には大雨は予想されていない。予想図の特徴からみた両者の違いに関する以下の問いに答えよ。

① 地上予想図を用いて、西日本における6日9時、2日9時の等圧線および風の特徴を、両者の違いに着目して、それぞれ25字程度で述べよ。

② 500hPa予想図を用いて、6日9時および2日9時における九州北部のおおまかな天気を把握するために着目すべき、等高度線5760m〜5820mの主要な気圧の谷(トラフ)の位置を、九州北部からみた4方位で答えよ。

③ 九州北部における500hPaの風を比較し、風速の大きい日とその風向を16方位で答えよ。ただし、ここでは地衡風が吹いているものとする。

④ 図5の領域ア、図6の領域イではいずれも10mm以上の降水量を予想している。図5(下右)、図6(下右)を用いて、その2つの降水域は、相当温位のどのようなところに共通して対応するかを、「高い」または「低い」で答えよ。また、領域アにおける850hPaの平均的な風速を領域イと比較して、「大きい」または「小さい」で答えよ。

(4) 図4の九州北部に「×」で示した、東シナ海から東にのびる348Kの等相当温位線の先端は、12時間後には図5の「×」に達している。このことについて、以下の問いに答えよ。

① 「×」で示した348Kの等相当温位線の先端の、この間の移動の速さを5ノット刻みで答えよ。

② ①で答えた速さを、図4の九州付近の枠内の「×」の南西側の空気塊の移動する速さと比較して、「速い」、「遅い」、「ほぼ同じ」のいずれかで答えよ。ただし、「ほぼ同じ」は両者の差が5ノット以下の場合とする。

③ 図5(上)の西日本の強い降水と関連する、図4および図5(下右)の拡大図の範囲における風の分布の共通する特徴を、相当温位の分布との位置関係に言及して30字程度で述べよ。

(5) 図5(上)の地上予想図の右上枠内に関する以下の問いに答えよ。

① 枠内は、1006hPaの補助等圧線が2本引けるような気圧配置となっている。その2本の補助等圧線を破線で記入せよ。ただし、線の端は枠まで達しているか、閉じているものとする。

② 「▲」に入る適切な天気図の記号を、「L」または「H」で答えよ。

問2　図7は気象衛星赤外画像、図8は鹿児島の状態曲線と風の鉛直分布、図9はレーダーエコー合成図、図10はメソモデルによる850hPaの相当温位・風と前1時間降水量の12時間予想図であり、対象時刻はいずれも6日9時である。これらを用いて、以下の問いに答えよ。

(1)　図7の気象衛星赤外画像、図9のレーダーエコー合成図を用いて、図7の領域A(対馬付近)、領域B(高知県東部の山地の南西斜面)、および領域C(鹿児島県大隅半島付近)における、雲頂高度および降水の強さの特徴を、領域ごとの違いがわかるように、それぞれ25字、25字、40字程度で述べよ。ただし、領域Cについては雲域と降水域それぞれの形状、雲域と比較した強い降水域の広がりについても述べよ。

(2)　図7の北緯30°以北の東シナ海には、強い対流性降水が想定される雲域がみられる。これらの雲域のうち、図10ではその周囲200km以内に20mm以上の降水が予想されていない雲域について、雲頂高度の最も高いところの緯度・経度を1°刻みで答えよ。

(3)　図8の鹿児島の状態曲線と風の鉛直分布を用いて、空気塊の安定性に関する以下の問いに答えよ。なお、①②の高度については、20hPa刻みで答えよ。

　①　地上の空気塊を強制的に持ち上げたときの自由対流高度を、単位(hPa)を付して答えよ。

　②　①の空気塊が自由対流高度を越えて上昇したとき、浮力がなくなる高度を、単位(hPa)を付して答えよ。この図より高い高度のときは、「300hPaより上」、と答えよ。

　③　950hPaから500hPaまでの風向および風速の鉛直分布の特徴を35字程度で述べよ。

問3　図11はメソモデルによる950hPaの相当温位・風の12時間予想図で対象時刻は6日9時、図12は長崎県佐世保(図11に位置を示す)の6日5時〜17時の気象要素の時系列図である。また、図13はメソモデルによる850hPaの相当温位・風と前1時間降水量の18時間予想図、図14は解析雨量図であり、対象時刻はいずれも6日15時である。これらと図10を用いて、以下の問いに答えよ。

(1)　図10の東経127.5°に沿って描画された点D、E、Fにおける850hPaの相当温位について、赤線に沿ってみたときの相対的な特徴として適切なものを、また950hPaの相当温位と比較したときの安定性として適切なものを、それぞれ下枠から選んで答えよ。

特徴　　　極大　　極小　　傾度の大きい範囲の南端　　傾度の大きい範囲の北端

安定性　　　　安定　　対流不安定　　ほぼ中立

(2)　図10内において最も多い前1時間降水量が予想されているのは領域Gである。図10、図11を用いて、領域Gにおける950hPaの風の分布の特徴を、強雨域との位置関係および風向・風速を示して45字程度で述べよ。

(3) 図10、図11を用いて、東経129.5°上における「等相当温位線の集中帯」に関する以下の問いに答えよ。この問題では「集中帯」は「等相当温位線の集中帯」を指し、解答においても「等相当温位線の」は省略するものとする。

   ① 東経129.5°上において、集中帯が850hPaと950hPaの間の鉛直方向の傾きで地上に到達しているものとして、地上における集中帯の南端の位置を、緯度1°刻みで答えよ。ただし、地上は1000hPaとし、鉛直方向の1hPaの差は10mに相当するものとする。

   ② ①に基づき、東経129.5°上における20mm以上の強雨域と、集中帯との位置関係を、書き出しを含めて30字程度で述べよ。ただし、「集中帯」は、地上、950hPa、850hPaのうち、強雨域に水平距離が最も近い1つだけを用い、集中帯の「北端」または「南端」についても言及するものとする。

(4) 図12の佐世保の時系列を用いて以下の問いに答えよ。

   ① 前3時間降水量の最大値(1mm刻み)、およびそれを観測した時刻を答えよ。

   ② ①の大雨の時間帯とその前後における風向・風速の変化の特徴を40字程度で述べよ。

   ③ ①の大雨の時間帯における気温と露点温度の変化を簡潔に答えよ。

   ④ ②および③は、どのようなじょう乱の動きに対応した特徴か簡潔に答えよ。

(5) 図1、図9〜図14を用いて、梅雨期の大雨、および6日の予想について述べた、次の文章の空欄(①)〜(⑦)に入る適切な語句または数値を答えよ。ただし、①②⑥⑦は漢字で答え、③は降水域の形状を答え、④は4方位、⑤は16方位で答えよ。

   大雨の予想にはメソモデルが用いられることが多い。その理由としては、全球モデルよりも空間分解能が(①)く、対流性降水の予想に適した(②)力学モデルであること等があげられる。

   メソモデルでは、前線近傍の強い降水を予想することができるが、場所がずれたり、図14の九州北部の実況を図13の予想と比較してわかるように、(③)の降水域の表現が不十分だったりすることもある。また、前線から少し離れた地域の大雨は予想されないことがある。

   6日9時の大雨域における850hPaあるいは950hPaの特徴としては、風については、前線の(④)側で(⑤)の強い風が吹いていること、また、その強風域で風の(⑥)がみられることがあげられる。相当温位分布では、大雨は等相当温位線の集中帯の南端付近、およびその南側に少し離れた(⑦)相当温位域で発生している。

図1

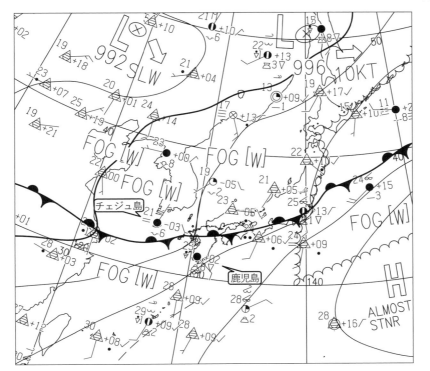

チェジュ島の実況

鹿児島の実況

図1　地上天気図　　　　　　　　　　XX年7月5日21時(12UTC)
　　実線：気圧(hPa)
　　矢羽：風向・風速(ノット)(短矢羽：5ノット、長矢羽：10ノット、旗矢羽：50ノット)

図2

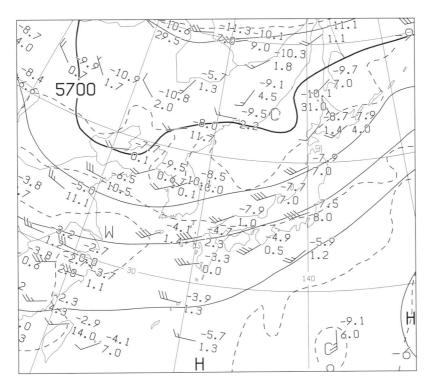

図2　500hPa天気図　　　　　　　　　XX年7月5日21時(12UTC)
　　実線：高度(m)、破線：気温(℃)
　　矢羽：風向・風速(ノット)(短矢羽：5ノット、長矢羽：10ノット、旗矢羽：50ノット)

図3

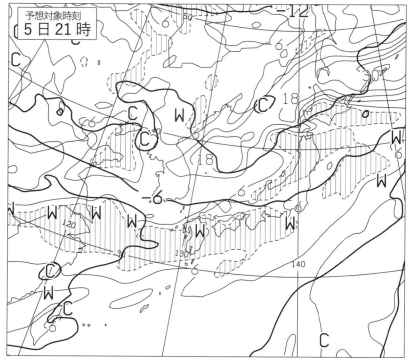

図3　500hPa 気温、700hPa 湿数 12 時間予想図
　　　太実線：500hPa 気温(℃)、破線および細実線：700hPa 湿数(℃)(網掛け域：湿数≦3℃)
　　初期時刻　XX 年 7 月 5 日 09 時(00UTC)

図4

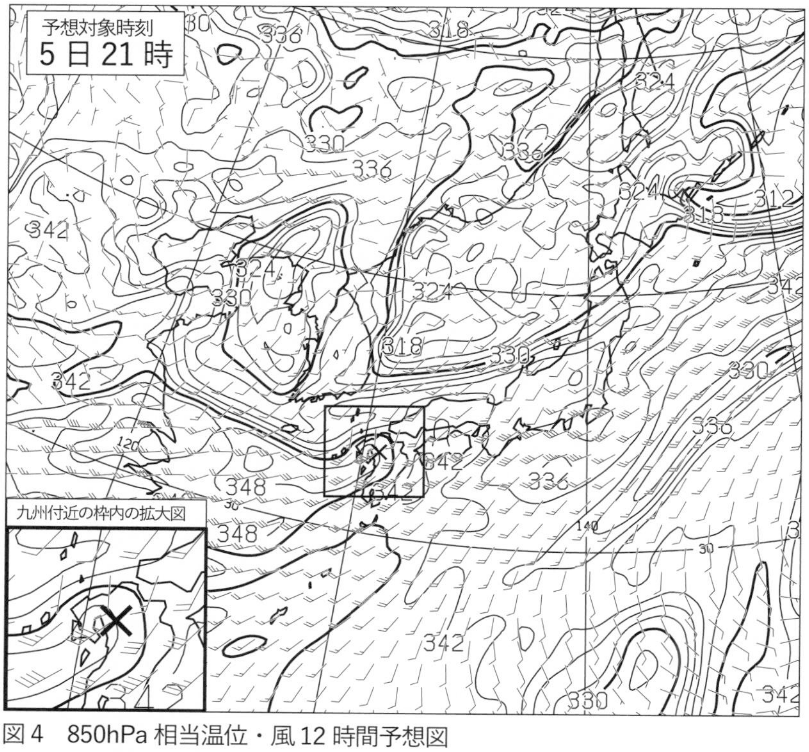

図4　850hPa 相当温位・風 12 時間予想図
　　　実線：相当温位(K)
　　　矢羽：風向・風速(ノット)(短矢羽：5 ノット、長矢羽：10 ノット、旗矢羽：50 ノット)
　　　左下の図は、九州付近の枠内を拡大したもの。

　　初期時刻　XX 年 7 月 5 日 09 時(00UTC)

図5

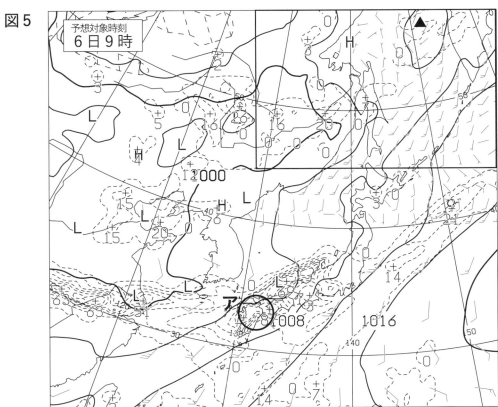

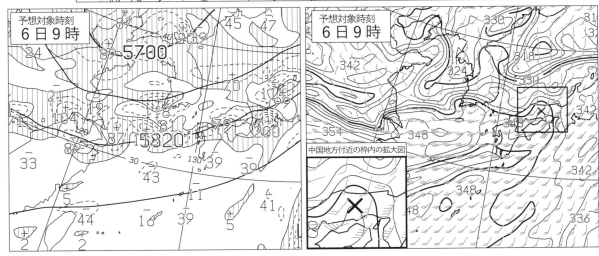

図5　地上気圧・降水量・風 12 時間予想図(上)
　　　実線：気圧(hPa)、破線：予想時刻前 12 時間降水量(mm)
　　　矢羽：風向・風速(ノット)(短矢羽：5ノット、長矢羽：10ノット、旗矢羽：50ノット)

500hPa 高度・渦度 12 時間予想図(下左)
　　　太実線：高度(m)、破線および細実線：渦度(10⁻⁶/s)(網掛け域：渦度＞0)

850hPa 相当温位・風 12 時間予想図(下右)
　　　実線：相当温位(K)
　　　矢羽：風向・風速(ノット)(短矢羽：5ノット、長矢羽：10ノット、旗矢羽：50ノット)
　　　左下の図は、中国地方付近の枠内を拡大したもの。

初期時刻　XX 年 7 月 5 日 21 時(12UTC)

図6

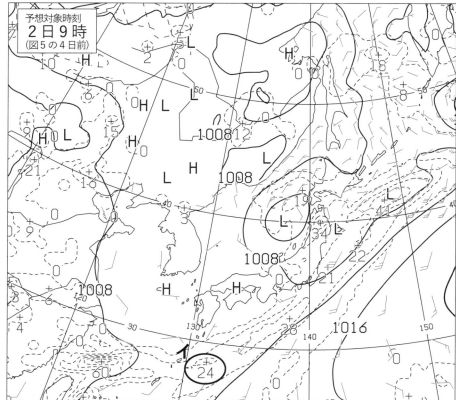

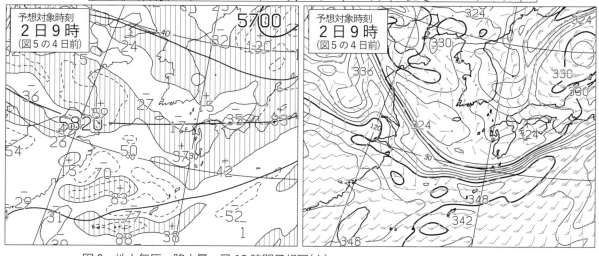

図6　地上気圧・降水量・風 12 時間予想図（上）
　　　実線：気圧(hPa)、破線：予想時刻前 12 時間降水量(mm)
　　　矢羽：風向・風速(ノット)(短矢羽：5 ノット、長矢羽：10 ノット、旗矢羽：50 ノット)

　　500hPa 高度・渦度 12 時間予想図（下左）
　　　太実線：高度(m)、破線および細実線：渦度(10⁻⁶/s)(網掛け域：渦度＞0)

　　850hPa 相当温位・風 12 時間予想図（下右）
　　　実線：相当温位(K)
　　　矢羽：風向・風速(ノット)(短矢羽：5 ノット、長矢羽：10 ノット、旗矢羽：50 ノット)

　　初期時刻　XX 年 7 月 1 日 21 時(12UTC)

図7

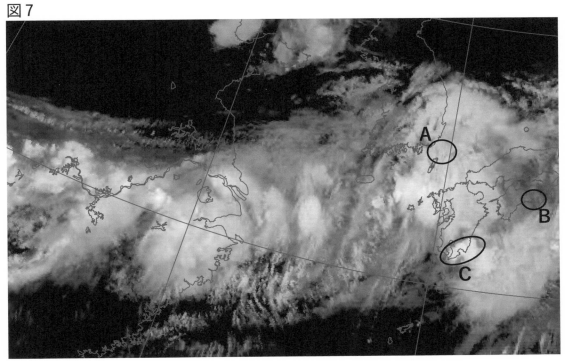

図7　気象衛星赤外画像　　　　　　　　XX 年 7 月 6 日 9 時(00UTC)

図8

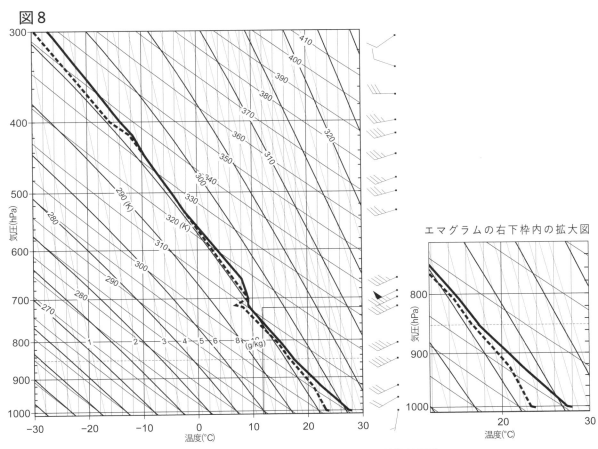

図8　鹿児島の状態曲線と風の鉛直分布　XX 年 7 月 6 日 9 時(00UTC)
実線：気温(℃)、破線：露点温度(℃)

164

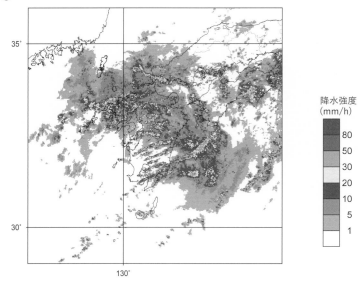

図9　レーダーエコー合成図　　　　　　　　　XX 年 7 月 6 日 9 時(00UTC)
　　　塗りつぶし域：降水強度(mm/h)(凡例のとおり)

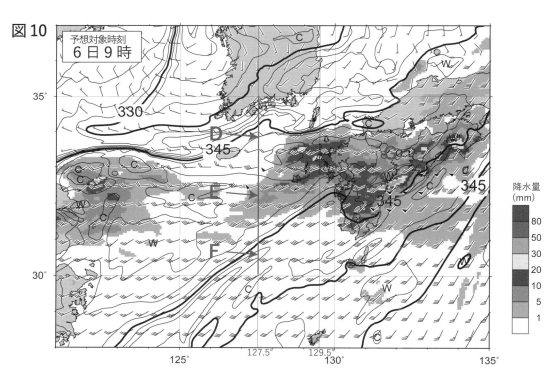

図10　メソモデルによる 850hPa 相当温位・風・前 1 時間降水量 12 時間予想図
　　　実線：相当温位(K)
　　　矢羽：風向・風速(ノット)(短矢羽：5 ノット、長矢羽：10 ノット、旗矢羽：50 ノット)
　　　塗りつぶし域：前 1 時間降水量(mm)(凡例のとおり)

　　　初期時刻　XX 年 7 月 5 日 21 時(12UTC)

※この図は，カラーで出題されています．巻末を参照して下さい.

図 11

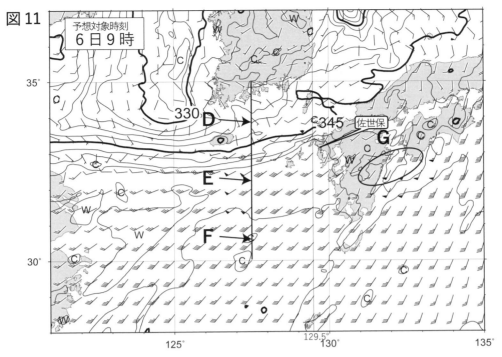

図 11　メソモデルによる 950hPa 相当温位・風 12 時間予想図
　　　　実線：相当温位(K)
　　　　矢羽：風向・風速(ノット)(短矢羽：5 ノット、長矢羽：10 ノット、旗矢羽：50 ノット)
　　　　※東経127.5°上に描画されている黒太線と記号D、E、Fは、色の違いを除いて図10の赤線および記号と同じ。

　　　初期時刻　XX 年 7 月 5 日 21 時(12UTC)

図 12

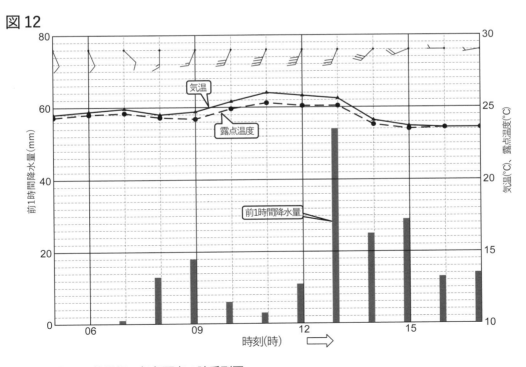

図 12　佐世保の気象要素の時系列図
　　　　　　　　XX 年 7 月 6 日 5 時(5 日 20UTC)〜17 時(6 日 08UTC)
　　　　矢羽：風向・風速(m/s)(短矢羽：1m/s、長矢羽：2m/s、旗矢羽：10m/s)

図13

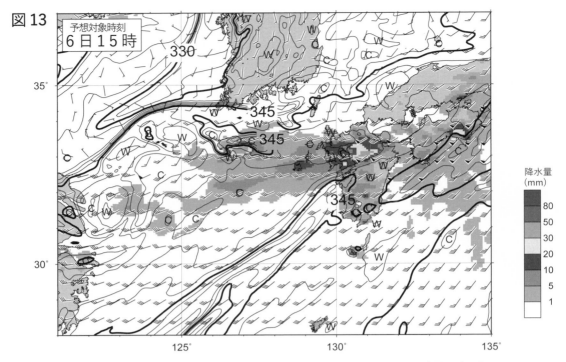

図13　メソモデルによる850hPa相当温位・風・前1時間降水量18時間予想図
　　　実線：相当温位(K)
　　　矢羽：風向・風速(ノット)(短矢羽：5ノット、長矢羽：10ノット、旗矢羽：50ノット)
　　　塗りつぶし域：前1時間降水量(mm)(凡例のとおり)

　　　初期時刻　XX年7月5日21時(12UTC)

図14

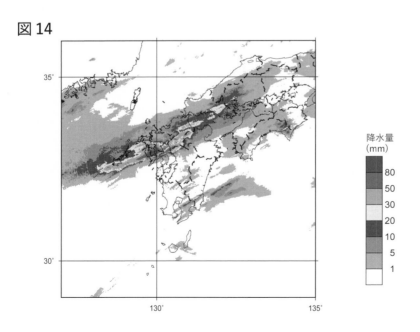

図14　解析雨量図　　　　　　　　　　　　XX年7月6日15時(06UTC)
　　　塗りつぶし域：前1時間降水量(mm)(凡例のとおり)

※この図は，カラーで出題されています．巻末を参照して下さい．

解説　実技試験　2

　本問は，XX年7月5日〜6日の日本付近における気象の解析と予想に関する問題で，実際は2020年7月5日〜6日にかけての事例である．参考図2.1に2020年7月5日9時と6日9時の「日々の天気図」とコメントを示す．

　この期間は梅雨前線が日本付近に停滞し，鹿児島県鹿屋で1時間降水量109.5mm，長崎県大村で1時間降水量94.5mm，福岡県大牟田で日降水量388.5mmを観測し，共に観測史上1位の降水となった．

　本問では日本付近に停滞する停滞前線の解析と予想について，地上天気図・高層実況図・気象衛星赤外画像（以下赤外画像）・鉛直断面図などから実況の解析を行うとともに，各種予想図から停滞前線の鉛直構造や水平構造を理解し，解析雨量などとの差からメソモデルによる前線付近の強い降水域の特徴や留意点などを理解し，天気予報シナリオや防災情報の理解・解説手順などを示したものと考える．

　問1は停滞前線を含む日本の付近の気象概況を各種天気図や予想図から理解するための穴埋め問題，問2は赤外画像・状態曲線・レーダーエコー合成図・メソモデル予想図などから降水域や周辺大気の立体構造・水平構造を把握する問題，問3は地上実況・解析雨量図などの実況とメソモデルの計算結果の比較から梅雨期の大雨事例について，メソモデルの特徴や留意点を理解する問題となっている．

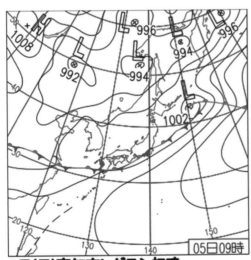

5日(日)高知市ヒグラシ初鳴
梅雨前線は西日本〜東日本南岸に停滞。沖縄と北海道は概ね晴れたがその他は曇りや雨。鹿児島県では紫尾山60mm/1h、鹿屋57mm/1hなど非常に激しい雨の所も。

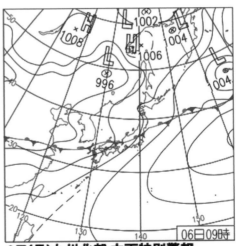

6日(月)九州北部,大雨特別警報
活発な前線が本州付近に停滞し、九州は記録的な大雨。鹿児島県鹿屋109.5mm/1h、長崎県大村94.5mm/1hなど史上1位の猛烈な雨。福岡県大牟田の日降水量388.5mmも史上1位。

参考図2.1　2020年7月5日9時・6日9時の「日々の天気図」（気象庁HPより）

問1の解説

　問1は7月5日21時の実況資料と5日21時を対象時刻とした各種予想資料から停滞前線の構造を理解する設問と，大雨が予想されていた日のモデル予想図と大雨が予想されていなかった日のモデル予想図の違いから大雨の要因などを考察する設問となっている．

　(1)は地上天気図・500hPa天気図・700hPa予想図の情報を正しく理解する穴埋め問題，(2)は700hPa湿数予想図と850hPa相当温位予想図から停滞前線の位置関係を問う穴埋め問題，(3)は西日本に大雨が予想されている6日9時を対象とした5日21時初期値予想図と，大雨が予想されていない2日9時を対象とした1日21時初期値予想図を比較し，地上予想図・500hPa予想図・850hPa予想図などの資料の相違点を問う設問，(4)は5日21時を対象とした予想図と6日9時を対象とした予想図から高相当温位域の12時間の移動速度を推定するとともに周辺の空気塊の移動速度との差を問う設問と，高相当温位域と降水域との位置関係を問う設問，(5)は地上天気図に補助等圧線を描画し高・低気圧の気圧配置を推定する設問となっており，停滞前線の構造を各種天気図等から解析する能力が問われる問題となっている．

問1(1)の解説

　(1)は5日21時の日本付近の気象概況を把握することを目的として，地上天気図に記載されている情報を正確に理解する設問である．参考図2.2に図1の日本付近の拡大図，参考図2.3に鹿児島およびチェジュ島の実況の拡大図，参考図2.4に「観測実況値の記入型式」，参考表2.1に「天気記号　現在天気」，参考表2.2に「現在天気（ww）の数字とその解説」，参考表2.3に「天気記号　過去天気」，参考表2.4に「主な雲の形の記号」を示す．

　参考図2.2では，日本付近の停滞前線の北側では等圧線の間隔が約10°と広くなっているが，前線の①南側では北側より狭く気圧傾度が大きく，相対的に風が②強くなっている．

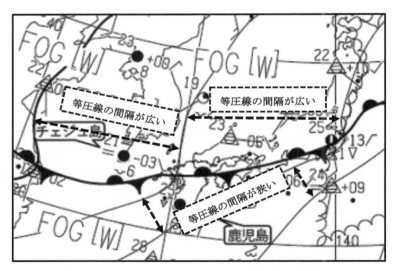

参考図2.2　図1の日本付近の拡大図に等圧線の間隔を追記

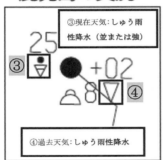
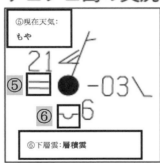

参考図 2.3　鹿児島とチェジュ島の実況に説明を追記

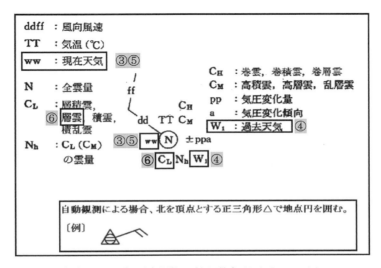

参考図 2.4　観測実況値の記入型式（気象庁 HP より）

参考表 2.1　天気記号　現在天気（気象庁 HP より）

《　天気記号（現在天気 ww, wawa）　》

現在天気を次の表の天気記号で記入します。有人観測所の現在天気はww、自動観測所の現在天気はwawaの表を用います。

参考表 2.2 現在天気（ww）の数字とその解説（気象庁 HP より）

ww＝80～89はしゅう雨性降水又は雷電を伴う降水に使用

現在天気	wwの解説	wawaの解説
80	しゅう雨，弱。	しゅう雨性又は観測時前1時間内に止み間があった降水。
③ 81	しゅう雨，並又は強。	しゅう雨又は観測時前1時間内に止み間があった雨，弱。
82	しゅう雨，激しい。	しゅう雨又は観測時前1時間内に止み間があった雨，並。
83	しゅう雨性のみぞれ，弱。	しゅう雨又は観測時前1時間内に止み間があった雨，強。
84	しゅう雨性のみぞれ，並又は強。	しゅう雨又は観測時前1時間内に止み間があった雨，激しい。
85	しゅう雪，弱。	しゅう雪又は観測時前1時間内に止み間があった雪，弱。
86	しゅう雪，並又は強。	しゅう雪又は観測時前1時間内に止み間があった雪，並。
87	雪あられ又は氷あられ，弱，雨又はみぞれを伴ってもよい。	しゅう雪又は観測時前1時間内に止み間があった雪，強。
88	雪あられ又は氷あられ，並又は強，雨又はみぞれを伴ってもよい。	（空欄）
89	ひょう，弱，雨又はみぞれを伴ってもよい，雷鳴はない。	ひょう

ww＝00～19は観測時又は観測時前1時間内（ただし，ww＝09及び17を除く）に，観測所に降水，霧，氷霧（ww＝11及び12を除く），砂じんあらし又は地ふぶきがない場合に使用。

現在天気	wwの解説	wawaの解説
00	前1時間内の雲の変化不明。	重要な天気が観測されない。
01	前1時間内に雲が消散しているか又は発達がにぶっている。	観測時前1時間内に雲が消散しているか又は衰弱している。
02	前1時間内は空模様全般に変化がない。	観測時前1時間内に空模様全般に変化がない。
03	前1時間内に雲が発生しているか又は発達している。	観測時前1時間内に雲が発生しているか又は発達している。
04	煙（視程10km未満）。	煙霧又は煙，又はちりが浮遊している（視程1km以上）。
05	煙霧（視程10km未満）。	煙霧又は煙，又はちりが浮遊している（視程1km未満）。
06	空中広くちり，黄砂が浮遊している(ちり煙霧)（観測時に観測所付近で風に巻き上げられたものではない）（視程10km未満）。	（空欄）
07	観測時に観測所又は観測所付近から風に巻き上げられたちり又は砂（風じん）はあるが，発達したじん旋風又は砂じんあらしはない，また船舶の場合は観測点で高いしぶきがある。	（空欄）
08	観測時又は観測時前1時間内に観測所又は観測所付近に発達したじん旋風が観測されたが，砂じんあらしはない。	（空欄）
09	観測時に視界内に砂じんあらしあり，又は観測前1時間内に観測所に砂じんあらしあり。	（空欄）
⑤ 10	もや（視程10km未満）。	もや

　参考図 2.3 の鹿児島の地上観測では，参考図 2.4 と参考表 2.1・2.2・2.3 から現在天気は強さが③並または強のしゅう雨，過去天気は④しゅう雨性降水，チェジュ島では参考図 2.4 と参考表 2.1・2.2・2.4 から現在天気図は⑤もや，下層では⑥層積雲が観測されている．

　参考図 2.5 に 500hPa 天気図の強い風の観測点と強風域の位置および地上前線の位置を示す．参考図から館野と輪島で最大⑦40 ノットの西南西風が観測されており，500hPa の強風軸は館野から輪島付近の上空に解析でき，おおよそ地上の前線⑧とほぼ同じところに位置している．

参考表 2.3　天気記号　過去天気（気象庁 HP より）

《　天気記号（過去天気 W1,Wa1）　》

過去天気を次の表の天気記号で記入します。有人観測所の過去天気はW1、自動観測所の過去天気はWa1の表を用います。

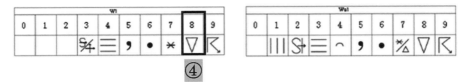

④

《　天気図記号（過去天気）の解説　》

過去天気	W1の解説	Wa1の解説
0	全期間を通じて雲量5割以下。	重要な天気が観測されなかった。
1	全期間のある時は雲量6割以上，ある時は5割以下。	視程不良。
2	全期間を通じて雲量6割以上。	風の現象，視程不良を伴う。
3	砂じんあらし，高い地ふぶき（視程1km未満）。	霧
4	霧，氷霧（視程1km未満）又は濃煙霧（視程2km未満）。	降水
5	霧雨	霧雨
6	雨	雨
7	雪又はみぞれ。	雪又は凍雨。
④ 8	しゅう雨性降水。	しゅう雨性又は観測時前1時間内に止み間があった降水。
9	雷電—降水を伴っても伴わなくてもよい。	雷電

参考表 2.4　主な雲の形の記号

《主な雲の形の記号（CH, CM, CL）》

雲の高さにより，上層雲，中層雲，下層雲にわけ，それぞれの種類を次の記号で記入します.

⑥

問1（2）の解説

　（2）は停滞前線の立体構造を 700hPa の湿数と 850hPa の相当温位の集中帯の位置関係から解析する問題となっている．参考図 2.6 に図 3 の 700hPa 湿数予想図に図 4 の 850hPa 相当温位図の東シナ海と日本海の等相当温位の集中帯を破線で追記したものを示す．参考図 2.6 では，日本海の 850hPa の集中帯は西日本の 700hPa の湿域の①北側に位置しており，両者は②離れているが，東シナ海の 850hPa の集中帯は 700hPa 湿域の③北側に位置しており，両者は④ほぼ接している．

172

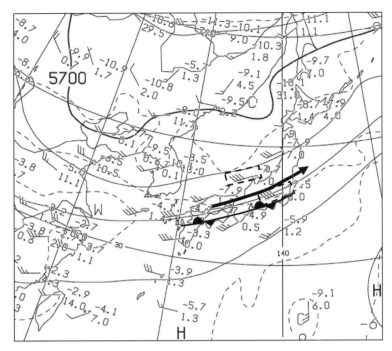

参考図 2.5 図 2 に強風の観測地点（破線 [ ]），強風軸（→），図 1 の地上前線を追記

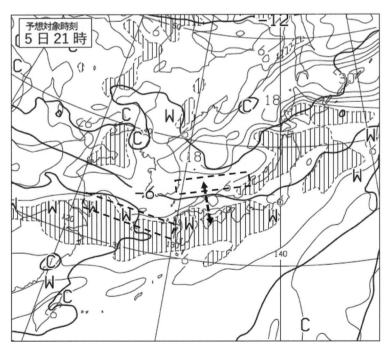

参考図 2.6 図 3 に図 4 の東シナ海と日本海の等相当温位の集中帯を破線 [ ] で追記

問1(3)の解説

(3)は西日本に大雨が予想されていた6日9時の予想天気図と大雨が予想されていなかった4日前の2日9時の予想天気図の特徴を比較し，大雨の要因を考察する問題となっている.

①については6日9時と2日9時の地上予想図の等圧線および風の特徴を説明する設問，②については500hPa予想図の等高度線の5760m〜5820mのトラフの位置を問う設問，③については九州北部の500hPaの風速の違いとその風向を問う設問，④については10mm以上の降水量を予想している二つの地点の相当温位の多寡と二つの地点の850hPaの平均的な風速の強さを比較する設問となっている.

①について，参考図2.7に6日9時と2日9時の地上予想図を比較したものを示す. この参考図では6日9時の地上予想図で西日本の日本海沿岸部に相対的な低圧域が計算されており，日本付近では等圧線が混んでおり，九州付近では20ノット程度の南西風（➡で追記）が予想されている. 一方2日9時の地上予想図では，西日本付近に相対的な高圧域（気圧の尾根）が計算されており，等圧線も少なく6日9時よりも気圧傾度が小さく，風が弱く予想されている.

このため解答は以下のとおりとなる.

(3) ①6日9時：等圧線が混んでおり，相対的に南西風が強い.（21字）

②2日9時：気圧の尾根に位置して気圧傾度は小さく，風が弱い.（24字）

②について，参考図2.8に図5と図6の500hPa予想図に5760m〜5820mの等高度線の曲率と正渦度から推定したトラフ（二重線）と，等高度線に沿った地衡風の風向を示す. 参考図から6日9時には500hPaのトラフは概ね九州北部の②西に位置しており，2日9時には九州北部の②東に位置している.

③については，参考図2.8では九州北部付近では500hPaの等高度線の間隔は6日9時の方が相対的に混んでおり，③6日の方が風は強く，またその風向は地衡風を仮定すると等高度線と平行な③西南西と推定できる.

④について，参考図2.9に図5と図6の850hPa予想図に降水域（領域ア・イ）を破線円で，高相

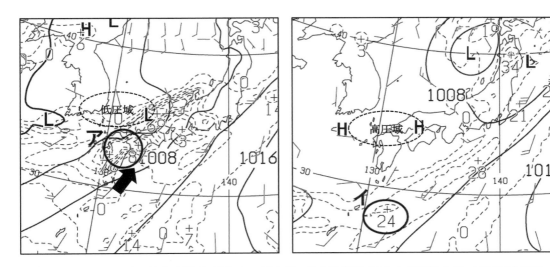

参考図2.7　6日9時の地上予想図（左）と2日9時の地上予想図（右）に相対的な低・高圧域を追記

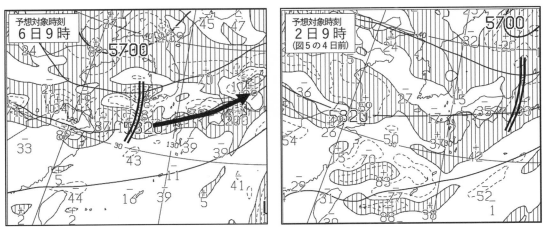

参考図 2.8 図 5 と図 6 の 500hPa 予想図に 5760m～5820m のトラフ（二重線）と地衡風の風向を図示

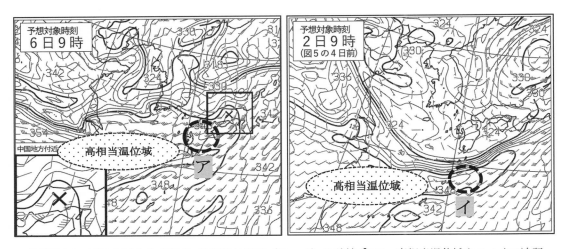

参考図 2.9 図 5 と図 6 の 850hPa 予想図に領域（ア・イ）を破線 ⋯で，高相当温位域をハッチで追記

当温位域をハッチで追記したものを示す．この図から領域ア・イ共に，降水域は相当温位 345K 以上で周辺より④高いところに計算されている．また領域アの ⋯付近の風速は概ね 35 ノット～40 ノット，領域イの ⋯付近の風速は概ね 25 ノットで，領域アにおける風速は，領域イと比較して④大きいといえる．

問1（4）の解説

（4）については東シナ海から東にのびる高相当温位域の先端の移動速度を計算する設問と，その周辺の空気塊の速度（風速）を比較する設問，西日本の強い降水域と相当温位分布との位置関係を説明する設問となっている．

①について，参考図 2.10 として図 4 に図 5 の ✕ を追記し，解答用紙での ✕ 間の長さと緯度 10°の長さを追記したものを示す．天気図で距離や移動速度を推定する手順（下記）から，5 日 21 時～6 日 9

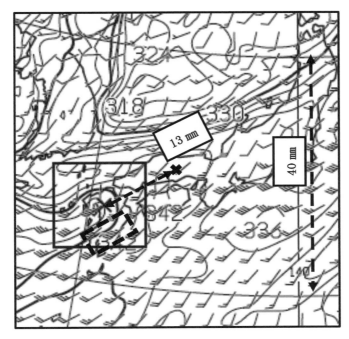

参考図 2.10　図 4 に図 5 の×を追記，解答用紙での×間の長さと緯度 10°の長さを追記
九州の×の南側の強風を破線 [____] で追記

時までの高相当温位域先端の移動距離を推定すると，解答用紙での ✖ 間の長さは約 13mm，経度 10°
の長さは約 40mm のため，この間の移動距離は約 195 海里となり，移動時間は 12 時間のため，この間
の移動速度は 195 海里 /12 時間で①15 ノットとなる（気象業務支援センター解答では 20 ノットも可）．

【天気図で距離や地上低気圧等の移動速度を推定する手順】

㋐緯度 1°の距離が 60 海里（緯度 1 分が 1 海里）であることを利用し，距離や移動速度を推定する
低気圧等付近の緯度 10°（または 20°）の長さを天気図で計測する．

㋑天気図上で低気圧等の移動距離を推定し，天気図上でその間の長さを計測し，㋐との比から実際
の移動距離（海里）を求める．

㋒天気図等の解析時間間隔から移動距離を時間で割り，平均移動速度を推定する．

㋓1 ノットは 1 時間に 1 海里進む速さの単位のため，移動速度をノットで求める場合は移動距離
（海里）を時間で割り，移動速度を m/s（km/h）で求める場合は，1 海里は約 1852m であるこ
とを利用して換算する．

②については，参考図 2.10 の九州付近の✖付近（南側）の風速は概ね 45 ノット程度のため，高相
当温位域の動きは空気塊の動きより②遅いとなる．

③については，図 4 および図 5 の拡大図共に，西南西から東南東方向にのびる高相当温位域の東端
（先端）付近で風の収束が確認できる．

このため③東北東にのびる高相当温位域の先端付近で風が収束している．（28 字）となる．

176

問1(5)の解説

　(5)については，地上予想図に補助等圧線を解析する設問とその補助等圧線から天気図内の高圧部と低圧部を解析する問題となっている．

　参考図2.11に図5の地上予想図にA・B・a・bを追記したものを示す．参考図の周辺に追記しているa・b付近の数字は等圧線の気圧値で，aの気圧値については地上予想図から気圧値を読み取ることができる．bの気圧値については，1004hPaと1008hPa等圧線の間に解析されていることから，1004hPaの低圧部または1008hPaの高圧部の可能性があるが，B付近の風向は低気圧性循環（収束）を示していることから，Bを中心とした1004hPaの低圧部の等圧線となる．またA付近には高気圧性循環（発散）と「H」マークから高圧部が解析できる．設問では2本の1006hPaの補助等圧線を引くとしているため，1本はA付近の高圧部に引くことができる．また図中北東角の1004hPaと1008hPaの間から，図中下部の1004hPaと1008hPaの間にも補助等圧線を引くことができるが，設問には2本の補助等圧線を記入するとなっているため，これらの補助等圧線はつながっておらず，前者の補助等圧線は高気圧の周辺で閉じた形に，後者の補助等圧線は日本の東海上に中心を持つ高気圧縁辺の南西風を参考に，1008hPaの等圧線に平行に解析できると考える．

　このため解答は以下のとおりとなる．

①参考図2.11に破線で示す．

②「B」付近の天気図記号：L

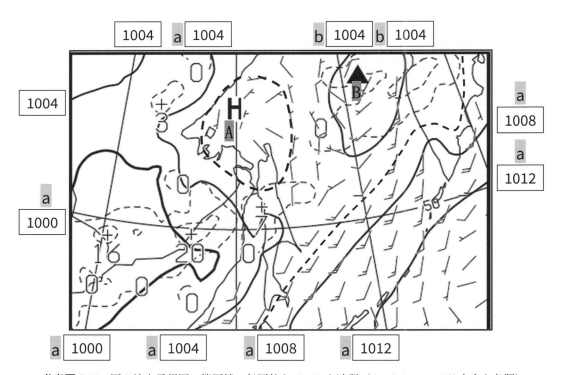

参考図2.11　図5地上予想図に等圧線の気圧値とA・Bを追記（A・Bについては本文を参照）

問 2 の解説

　問 2 は赤外画像・レーダーエコー合成図・メソモデルなどから，雲域の形状と降水域の特徴を説明する設問，鹿児島の状態曲線から自由対流高度と平衡高度を推定する設問と 950hPa〜500hPa までの風向風速の鉛直分布の特徴を説明する設問で，前線近傍の大気の鉛直構造を理解する問題となっている．

問2(1)の解説

　領域 A・B・C の 3 個所の地点について，赤外画像とレーダーエコー合成図の違いと，雲頂高度および降水の強さの違いを説明する設問と，領域 C については強い降水の広がりにも言及して説説明する設問となっている．

　赤外画像は雲の雲頂から射出される放射エネルギーを黒体放射輝度温度（以下輝度温度とする）に変換して画像化したもので，輝度温度の低い（冷たい）領域を白く，輝度温度の高い（暖かい）部分を黒く表現したものである．このため赤外画像で白く輝いて見える部分は対流圏の上層まで発達した積乱雲や上層雲（巻雲・巻層雲・巻積雲）などの輝度温度が低く雲頂高度が高い雲域，白い灰色は中層雲などの雲頂高度がやや高い雲域，黒い灰色は下層雲などの雲頂高度が低い雲域，黒い部分は海面や陸面と推定できる．

　参考図 2.12 に図 7 の赤外画像と図 9 のレーダーエコー合成図に領域 A・B・C の場所を追記したものを示す．領域 A は赤外画像では白く見えるため雲頂高度はやや高いがレーダーエコー合成図では強い降水は観測されていないため上・中層主体の雲域と考えられる．領域 B は赤外画像では黒い灰色のため雲頂高度は低いがレーダーエコー合成図では強い降水が観測されているため下層の対流雲主体の雲域と考えられる．領域 C は団塊状の白く輝いて見える領域のため雲頂高度が高く，レーダーエコー合成図でも強い降水を観測しているため発達した積乱雲主体の雲域と考えられ，降水域が雲域より範囲が狭く，線状で非常に強く観測されていることから，線状降水帯が発生していることも想定される．

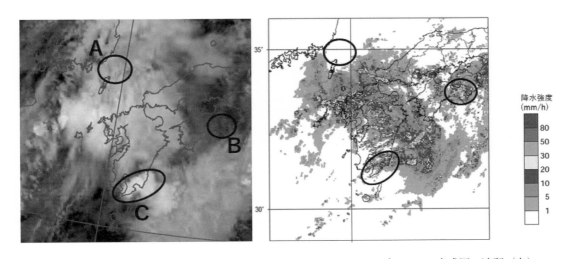

参考図 2.12　図 7 の赤外画像（左）の A・B・C の円を図 9 のレーダーエコー合成図に追記（右）

(1) 領域 A：<u>雲頂高度はやや高いが，降水はほとんどない（弱い）．</u>（21 字）

領域 B：<u>雲頂高度は低いが，強い降水域が分布している．</u>（22 字）

領域 C：<u>雲は団塊状で雲頂高度は高く，雲域より狭い範囲に，非常に強い降水域が線状にのびる．</u>（40 字）

問2(2) の解説

　北緯 30° 以北の東シナ海で，メソモデルの降水量予想図で周辺 200km 以内に 20mm 以上の降水が予想されていない領域で雲頂高度が最も高い雲域の位置を問う設問で，メソモデルでも表現しきれない降水について認識する問題となっている．

　参考図 2.13 に，図 10 で 20mm 以上の降水域を予想している地点から半径約 200km 以内の領域を○で，図 7 に同様の範囲を○で示し，この○の範囲外で雲頂高度の最も高い場所を→で追記したものを示す．この参考図から雲頂高度の高い雲域は，北緯 30° から北に 15mm（解答用紙での長さ，緯度 10° の長さは約 82mm），東経 130° から西に 40mm（同：経度 10° の長さは雲域付近で約 72mm）のため，雲頂高度の最も高い場所はそれぞれ内挿して北に約 1.7°，西に約 5.5° 離れているので(2)<u>北緯 32°，東経 124°</u> 付近となる．（気象業務支援センター解答では東経 <u>125°</u> も可）

問2(3) の解説

　鹿児島の状態曲線と風の鉛直分布から空気塊の安定性について問う問題となっている．

　①は鹿児島の状態曲線で，地上の空気塊を強制的に持ち上げた時の自由対流高度を求める設問となっている．

　地上等の空気塊を持ち上げると，空気塊の温度は相対湿度100%（気温と露点温度が同じ）になるまで乾燥断熱線に沿って温度が低下する．相対湿度が100%となった高度で水蒸気の凝結が始まり（持ち上げ凝結高度），潜熱が放出されるため空気塊は湿潤断熱線に沿って温度が低下しながら上昇する．上昇中に空気塊の温度が周囲の気温を等しくなる（気温プロファイルと交差する）点を自由対流

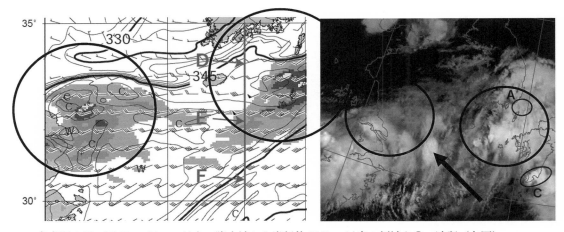

参考図 2.13　図 10 の 20mm 以上の降水域から半径約 200km 以内の領域を○で追記（左図）
図 7 に同様の範囲を○で，この○の範囲外で雲頂高度の最も高い雲域を→で追記（右）

高度と呼ぶ．通常自由対流高度では上昇してきた気塊の温度は周囲の気温と一致するが，空気塊がこの高度よりも上空に持ち上がると，周囲の気温よりも空気塊の温度の方が高くなるので，空気塊は浮力を得て上昇を続ける．さらに上昇すると，再度周囲の気温と等しくなる（気温プロファイルと交差する）高度があり，空気塊はここで浮力がなくなり平衡高度に達する．

　①については，地上空気塊を強制的に持ち上げたとの前提から，まず地上の空気塊の持ち上げ凝結高度を推定し，その持ち上げ凝結高度から自由対流高度を推定する．手順としては，地上の露点温度から等飽和混合比線に沿った補助線を引き，この補助線と地上気温から乾燥断熱減率線に沿った補助線との交点（持ち上げ凝結高度）を求め，そこから湿潤断熱減率線に沿った補助線を引いて状態曲線の気温プロファイルとの交点を推定する．参考図 2.14 に図 8 の拡大図に，地上露点温度（この事例では約 24℃）から等飽和混合比線（同 20g/kg）に沿った補助線（破線），地上気温（同約 28℃）から乾燥断熱減率線（同約 300K）に沿った補助線（2 点破線）とその交点（約 940hPa：持ち上げ凝結高度），この交点から湿潤断熱減率線（同約 298K）に沿った補助線（二重破線）を示す．この二重破線が鉛直断面図の気温プロファイルと交差する高度から，自由対流高度は約① 920hPa となる．

　②は①の空気塊が，自由対流高度からさらに上昇し，浮力がなくなる平衡高度を求める設問となっている．参考図 2.15 に図 8 の気温プロファイルの 920hPa 地点（①で求めた自由対流高度）から約 300K の湿潤断熱減率線に平行な補助線（破線）を引いたものを示す．参考図ではこの補助線は 300hPa までには状態曲線の気温プロファイルとは交差しないため，平衡高度は② 300hPa より上となる．

　③は鹿児島の高層観測から 950hPa〜500hPa までの風向および風速の鉛直分布の特徴を説明する設

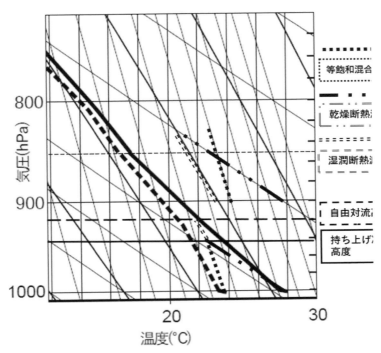

参考図 2.14　図 8 の拡大図に持ち上げ凝結高度・自由対流高度を推定する各補助線を追記

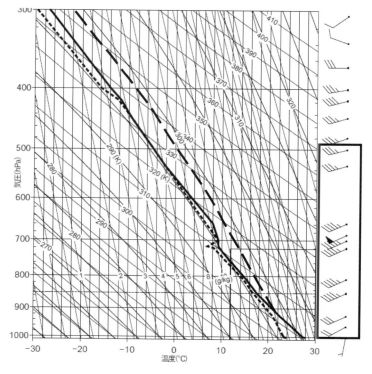

参考図2.15 図8に自由対流高度（920hPa）から湿潤断熱減率の補助線（破線）を追記
図右の ☐ は950hPa〜500hPaの風向・風速

問となっている．参考図2.15の右側の950hPa〜500hPaの風向・風速を確認すると，風向は950hPa〜500hPaまでほぼ西南西で揃っており寒気移流・暖気移流とも明瞭ではなく，風速は700hPaで50ktと最大となっており，それより上空では徐々に弱まっている．

このため③全般に西南西の風で，700hPa付近で50ノットと最も強くなっている．（35字）となる．

問3の解説

　問3はメソモデルの950hPaおよび850hPa予想図の相当温位から，鉛直方向ならびに水平方向の相当温位の特徴や鉛直方向の安定性と，佐世保の気象要素の時系列図と九州付近の解析雨量図から停滞前線の特徴を理解するとともに，停滞前線付近の降水予想についてメソモデルの利用上の注意点などを問う問題となっている．

問3(1)の解説

　(1)は6日9時を対象とした，メソモデルの同じ経度（東経127.5°）の南北方向の3地点（D・E・F）の850hPaの相当温位の相対的な特徴を問う設問と，950hPaの相当温位と比較した各地点での大気の安定度について問う設問となっている．

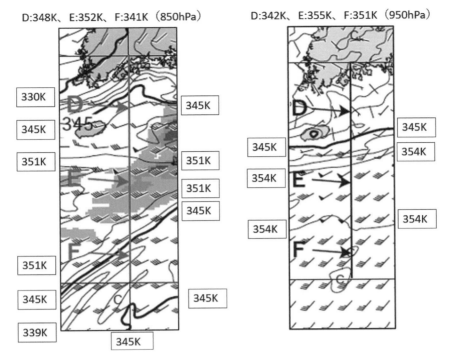

参考図 2.16　図10（850hPa）の地点 D・E・F 付近の等相当温位線の値（左）
図11（950hPa）の地点 D・E・F 付近の等相当温位線の値（右）

　参考図 2.16 に図10（850hPa）の地点 D・E・F 付近の等相当温位線の値（左）と図11（950hPa）の地点 D・E・F 付近の等相当温位線の値（右）を示す．この参考図から 850hPa では地点 D の北側には相当温位の集中帯があり，D〜E にかけては相当温位が増加し，E 付近で相当温位は極大となり，E〜F にかけては相当温位が減少し，F 付近に別の相当温位の集中帯があり，相当温位は極小となっている．また 850hPa の相当温位は，D：348K・E：352K・F：341K で，950hPa の相当温位，D：342K・E：355K・F：351K を考慮して安定度を考えると，D は 850hPa（上空）が 6K 高く安定，E は 3K 低く対流不安定，F は 10K 低く対流不安定なっている．

　このため解答は以下のとおりとなる．

点 D 特徴：相当温位の傾度の大きい範囲の南端	安定度：安定	
点 E 特徴：相当温位の極大	安定度：対流不安定	
点 F 特徴：相当温位の極小（傾度の大きい範囲の南端）	安定度：対流不安定	

問3（2）の解説

　(2)は図10内で前1時間降水量が最も多く予想されている領域 G について，950hPa の風の分布の特徴を強雨域との位置関係および風向・風速から説明する問題となっている．

　参考図 2.17 に図11の領域 G の北側と南側の風向・風速を矢印で追記したものを示す．この参考図から，領域 G の南側〜東側では 50 ノット程度の南南西風が予想されているが，西側〜北側では 5〜15 ノット程度と相対的に弱い南西風となっており，風の収束がみられる．

182

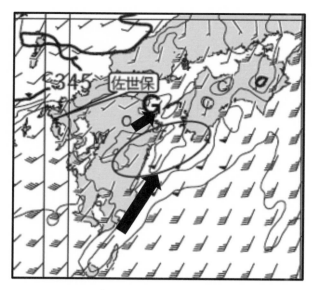

参考図 2.17 図 11 の領域 G 付近の拡大図に北側と南側の風向・風速を矢印で追記

　このため(2)強雨域の南側は 50 ノットの南西風，北側は相対的に弱い南西風で，その間には収束がみられる．（44字）となる（気象業務支援センター解答では風向は「南南西」も可）．

問3(3) の解説

　(3)は850hPa と 950hPa の相当温位集中帯の位置から前線面が地上まで同じ傾きで達していると仮定して，地上（1000hPa）の相当温位集中帯の位置を推定する設問と，20mm 以上の降水域と集中帯の位置関係について，降水域と相当温位集中帯との水平距離が最も近い気圧面の北端または南端に言及して説明する設問となっている．

　参考図 2.18 に図 10（850hPa）および図 11（950hPa）の東経 129.5°付近の相当温位集中帯の，北緯 30°からの長さ（解答用紙上：以下同じ）と緯度 10°の長さを示す．①についてこの参考図から，850hPa と 950hPa の相当温位集中帯は南北方向に約 7mm 離れており，この鉛直方向の傾きが 950hPa から 1000hPa まで 50hPa 継続したと仮定すると，1000hPa の相当温位集中帯は 950hPa の位置から約 3.5mm（7mm/2）南側で，北緯 30°線から約 34.5mm（38mm−3.5mm）北側に存在すると考えられる．北緯 30〜35°の長さは約 56mm のため，地上（1000hPa）の相当温位集中帯の位置を内挿すると 34.5mm/56mm × 5°＋ 30°から北緯 33.1°付近となるため，地上の相当温位集中帯は(3)①北緯 33°付近に推定できる．

　②については参考図 2.18 から 20mm 以上の強雨域は，950hPa の相当温位集中帯の南端付近に存在している．

　このため②強雨域は，950hPa の集中帯の南端付近に位置する．（26字）となる．

問3(4) の解説

　(4)は佐世保の時系列図から，前 3 時間降水量の最大値とその観測時刻およびその前後の期間の風

向・風速の変化並びに気温・露点の変化の特徴を説明するとともに，これらの現象の発生要因として考えられるじょう乱の動きを問う設問となっている.

①は佐世保の時系列図から前3時間降水量の最大値とその発生時刻を問う設問で，参考図2.19に前3時間降水量が最も多かった時間帯を破線の□で示す．この参考図から，13時：54mm・14時：

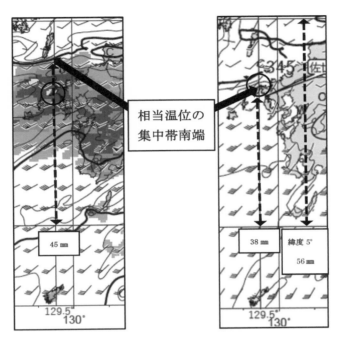

参考図 2.18　図10（850hPa）および図11（950hPa）の東経129.5°付近の相当温位集中帯から北緯30°までの長さ（解答用紙上）と緯度5°の長さ（同）を追記
東経129.5°上で降水20mm以上の領域を ○ で追記

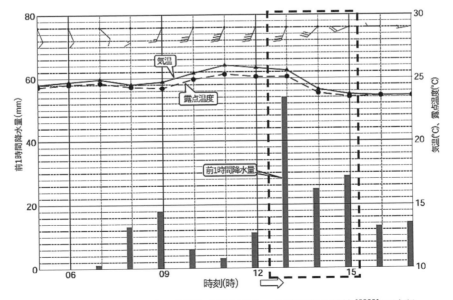

参考図 2.19　図12に前3時間降水量が多かった時間帯を破線 [ ] で追記

184

25mm・15時：29mm の降水量を観測しているため，前3時間降水量の最大値は①<u>108</u>mm，時刻は<u>15時</u>となる．

　②は①の大雨の時間帯とその前後における風向・風速変化を問う設問となっている．参考図2.19では，大雨が始まる12時以前は南南西の風が40ノット以上に強まり，12時以降は風向が南西から西南西に時計回りに変化し，15時以降風向が西となり風速も弱まったことがわかる．

　このため②<u>大雨の前は南南西の風が強まったが，その後風向が時計回りに変化し西になり弱まった．</u>（40字）となる．

　③は大雨の時間帯における気温と露点温度の変化を問う設問となっている．前1時間降水量が最も多く観測した13時以降，③<u>気温，露点温度ともに下降した．</u>（15字）

　④は②および③の観測結果がどのようなじょう乱の動きに対応した特徴かを問う設問となっている．図1および図5などから6日9時〜21時頃には九州北部には停滞前線が存在していた．12時頃からは強雨が観測されるとともに風向が時計回りに変化し，気温・露点温度共に下降していることから，これらの気象現象は④<u>南下する前線の通過</u>の特徴と推測できる．

問3(5)の解説

　(5)はここまでの考察から，メソモデルの特性に関して問う設問と，6日の大雨の予想について，850hPa および 950hPa の風・相当温位分布の着目点からメソモデル利用の注意点ついて問う穴埋め問題となっている．

　メソモデルの詳細については気象庁HPに以下の説明がある．

　「メソモデルは気象庁非静力学モデルasucaに基づく数値予報モデルであり，全球モデルとは異なり静力学平衡の近似を用いていない．温帯低気圧のような総観規模現象の場合，現象の水平スケールが鉛直スケールと比べてはるかに大きいため鉛直流の時間変化を無視した静力学平衡の近似が良い精度で成り立つが，集中豪雨などの顕著な降水現象の多くは，積乱雲やメソ対流系擾乱と呼ばれる積乱雲の集合体によって引き起こされる．これらの現象の水平スケールは通常数10km以下で，静力学平衡の近似が十分な精度では成り立たず，また水の相変化に伴う潜熱の解放と雲内水物質の分布が，運動場と降水域の決定に重要な役割を果たしているため顕著降水現象の予報には，雲の微物理過程を含む水平格子間隔5km以下の非静力学モデルを用いることが本質的に望ましい．メソモデルは水平格子間隔5km，局地モデルは水平格子間隔2kmであり，いずれも非静力学モデルが必要とされる．」

　参考図2.20に6日15時と6日9時のメソモデルの降水予想と実況（解析雨量・レーダーエコー合成図）の差異を示す．参考図の上段では長崎県付近の降水域は予想されているものの東シナ海の降水域や山口県の線状や帯状の降水域の予想は不十分で，下段では鹿児島県付近からその東海上の高相当温位域での降水域の予想が不十分であるなどがわかる．また6日9時の大雨事例における風と相当温位分布の特徴については，図9・図10・図11から，風は前線の南側で南西〜西南西の風が強く，強い収束も発生している，相当温位分布は，等相当温位線の集中帯の南端とその南側の少し離れた高相当温位域で大雨が観測されていることがわかる．

　このため，メソモデルは全球モデルより空間分解能が①<u>高</u>く，対流性降水の予想に適した②<u>非静力</u>モデルであるが，③<u>帯状（線状）</u>の降水帯の表現は不十分な場合もある．

　6日9時の大雨域の特徴は，風は前線の④南側で⑤南西（西南西）の風が強く，その強風域での風の⑥収束（域）がみられ，相当温位の分布では大雨は等相当温位線の集中帯の南端付近およびその少し南側に離れた⑦高相当温位域で発生している，となる．

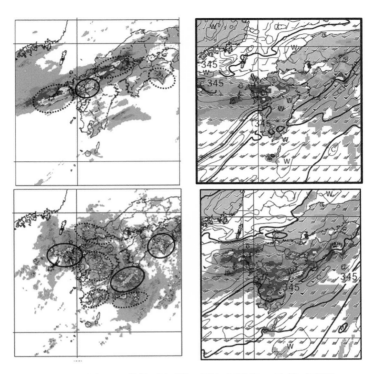

参考図 2.20　図 14 と図 13 の比較（上段），図 9 と図 10 の比較（下段）
　　　　　　　降域の予想が比較的良かった領域を実線で，あまりよくなかった領域を
　　　　　　　破線で左図に追記

実技　2　解答例
((一財) 気象業務支援センター発表)

配点

問1

(1) ① ___南___　② ___強___　③ ___並又は強の___

　　④ ___しゅう雨性降水___　⑤ ___もや___　⑥ ___層積雲___

　　⑦ ___４０___　⑧ ___とほぼ同じところ___

8

(2) ① ___北側___　② ___離れて___　③ ___北側___　④ ___ほぼ接して___

2

(3) ① 6日9時

等	圧	線	が	混	ん	で	お	り	、	相	対	的	に	南
西	風	が	強	い	。									

2日9時

気	圧	の	尾	根	に	位	置	し	て	気	圧	傾	度	は
小	さ	く	、	風	が	弱	い	。						

12

②6日9時の気圧の谷(トラフ)の位置：___西___

　2日9時の気圧の谷(トラフ)の位置：___東___

③ 風速の大きい日：___6___日　　　主な風向：___西南西___

④ 降水域は、相当温位の ___高い___ ところに対応している。

　降水域**ア**における風速は、降水域**イ**と比較して、___大きい___

実技　2　解答例
((一財) 気象業務支援センター発表)

(4) ① ___15(20)___ ノット

② ___遅い___

③

東	北	東	に	の	び	る	高	相	当	温	位	域	の	先
端	付	近	で	風	が	収	束	し	て	い	る	。		

8

(5) ①

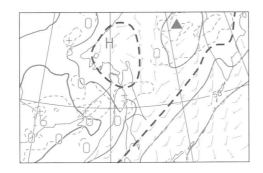

② ___L___

8

問2

(1) 領域A

雲	頂	高	度	は	や	や	高	い	が	、	降	水	は	ほ
と	ん	ど	な	い	（	弱	い	）	。					

領域B

雲	頂	高	度	は	低	い	が	、	強	い	降	水	域	が
分	布	し	て	い	る	。								

11

188

実技　2　解答例
((一財) 気象業務支援センター発表)

(1) 領域C

雲	は	団	塊	状	で	雲	頂	高	度	は	高	く	、	雲
域	よ	り	狭	い	範	囲	に	、	非	常	に	強	い	降
水	域	が	線	状	に	の	び	る	。					

(2) 北緯 ___32___ °　　　　　東経 ___124（125）___ °　　　　**3**

(3) ① ___920hPa___　　　　② ___300hPaより上___　　　　**6**

③

全	般	に	西	南	西	の	風	で	、	7	0	0	h	P
a	付	近	で	5	0	ノ	ッ	ト	と	最	も	強	く	な
っ	て	い	る	。										

問3

(1) 点D
　　特徴：相当温位の**傾度の大きい範囲の南端**　　　安定性：**安定**　　**12**
　　点E
　　特徴：相当温位の**極大**　　　安定性：**対流不安定**
　　点F
　　特徴：相当温位の**極小(傾度の大きい範囲の南端)**　　安定性：**対流不安定**

(2)

強	雨	域	の	南	側	は	5	0	ノ	ッ	ト	の	南	西
（	南	南	西	）	風	、	北	側	は	相	対	的	に	弱
い	南	西	（	南	南	西	）	風	で	、	そ	の	間	に
収	束	が	み	ら	れ	る	。							

6

実技　2　解答例
((一財) 気象業務支援センター発表)

(3) ① 北緯 ＿＿３３＿＿ °

6

②

強	雨	域	は	、	9	5	0	h	P	a	の	集	中	帯
の	南	端	付	近	に	位	置	す	る	。				

(4) ① 前3時間降水量の最大値： ＿１０８＿ mm　　時刻：＿１５＿ 時

11

②

大	雨	の	前	は	南	南	西	の	風	が	強	ま	っ	た
が	、	そ	の	後	風	向	が	時	計	回	り	に	変	化
し	西	に	な	り	弱	ま	っ	た	。					

③ ＿気温、露点温度ともに下降した。＿

④ ＿南下する前線の通過＿

(5) ① ＿高＿　　② ＿非静＿　　③ ＿帯状（線状）＿

7

④ ＿南＿　　⑤ ＿南西(西南西)＿　　⑥ ＿収束（域）＿

⑦ ＿高＿

解 答 用 紙

気象予報士試験解答用紙
予報業務に関する一般知識

フリガナ	
氏　名	

受　験　番　号　欄

番号記入						
該当数字をマーク	⓪ ① ② ③ ④ ⑤ ⑥ ⑦ ⑧ ⑨	⓪ ① ② ③ ④ ⑤ ⑥ ⑦ ⑧ ⑨	⓪ ① ② ③ ④ ⑤ ⑥ ⑦ ⑧ ⑨	⓪ ① ② ③ ④ ⑤ ⑥ ⑦ ⑧ ⑨	⓪ ① ② ③ ④ ⑤ ⑥ ⑦ ⑧ ⑨	⓪ ① ② ③ ④ ⑤ ⑥ ⑦ ⑧ ⑨

問	解　答　欄
1	① ② ③ ④ ⑤
2	① ② ③ ④ ⑤
3	① ② ③ ④ ⑤
4	① ② ③ ④ ⑤
5	① ② ③ ④ ⑤
6	① ② ③ ④ ⑤
7	① ② ③ ④ ⑤
8	① ② ③ ④ ⑤
9	① ② ③ ④ ⑤
10	① ② ③ ④ ⑤
11	① ② ③ ④ ⑤
12	① ② ③ ④ ⑤
13	① ② ③ ④ ⑤
14	① ② ③ ④ ⑤
15	① ② ③ ④ ⑤

注意事項
　(1)HB黒の鉛筆またはシャープペンシルで丁寧に記入すること。
　(2)訂正するときはプラスチック製消しゴムで完全に消すこと。
　(3)枠の外には一切書き込みを行わないこと。

記入例

　正しい記入例　　　　線　うすい　はみ出し
　　　　　　　　　　正しくない記入例

気象予報士試験解答用紙
予報業務に関する専門知識

フリガナ	
氏　名	

受　験　番　号　欄

番号記入						
該当数字をマーク	⓪ ① ② ③ ④ ⑤ ⑥ ⑦ ⑧ ⑨	⓪ ① ② ③ ④ ⑤ ⑥ ⑦ ⑧ ⑨	⓪ ① ② ③ ④ ⑤ ⑥ ⑦ ⑧ ⑨	⓪ ① ② ③ ④ ⑤ ⑥ ⑦ ⑧ ⑨	⓪ ① ② ③ ④ ⑤ ⑥ ⑦ ⑧ ⑨	⓪ ① ② ③ ④ ⑤ ⑥ ⑦ ⑧ ⑨

問	解　答　欄
1	① ② ③ ④ ⑤
2	① ② ③ ④ ⑤
3	① ② ③ ④ ⑤
4	① ② ③ ④ ⑤
5	① ② ③ ④ ⑤
6	① ② ③ ④ ⑤
7	① ② ③ ④ ⑤
8	① ② ③ ④ ⑤
9	① ② ③ ④ ⑤
10	① ② ③ ④ ⑤
11	① ② ③ ④ ⑤
12	① ② ③ ④ ⑤
13	① ② ③ ④ ⑤
14	① ② ③ ④ ⑤
15	① ② ③ ④ ⑤

注意事項
　(1)HB黒の鉛筆またはシャープペンシルで丁寧に記入すること。
　(2)訂正するときはプラスチック製消しゴムで完全に消すこと。
　(3)枠の外には一切書き込みを行わないこと。

記入例

　正しい記入例　　　　線　うすい　はみ出し
　　　　　　　　　　正しくない記入例

受験番号 ☐☐☐☐☐☐

フリガナ

氏 名

採点欄

問 1

(1) ① ＿＿＿＿＿＿＿＿ ② ＿＿＿＿＿＿＿＿ ③ ＿＿＿＿＿＿＿＿

④ ＿＿＿＿＿＿＿＿ ⑤ ＿＿＿＿＿＿＿＿ ⑥ ＿＿＿＿＿＿＿＿

⑦ ＿＿＿＿＿＿＿＿ ⑧ ＿＿＿＿＿＿＿＿ ⑨ ＿＿＿＿＿＿＿＿

⑩ ＿＿＿＿＿＿＿＿ ⑪ ＿＿＿＿＿＿＿＿

(2) ①

雲	域	付	近	で	は	、								

② 雲頂高度：＿＿＿＿＿＿＿hPa

(3) ① 高度：＿＿＿＿＿＿＿hPa 湿数：＿＿＿＿＿＿＿℃

②

東	京	上	空	で	は	、								

問 2

(1) ㋐ ＿＿＿＿＿＿＿＿ ㋑ ＿＿＿＿＿＿＿＿

㋒ ＿＿＿＿＿＿＿＿ノット ㋓ ＿＿＿＿＿＿＿＿ノット

㋔ ＿＿＿＿＿＿＿＿hPa ㋕ ＿＿＿＿＿＿＿＿hPa

(2)

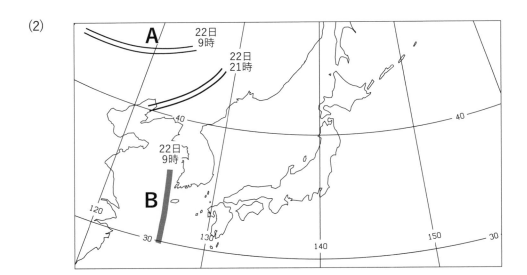

(3)

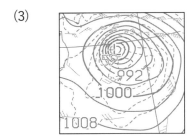

(4)　① 12 時間後　　距離：＿＿＿＿＿＿＿＿＿km　　方向：＿＿＿＿＿＿＿＿＿＿

　　　24 時間後　　距離：＿＿＿＿＿＿＿＿＿km　　方向：＿＿＿＿＿＿＿＿＿＿

②

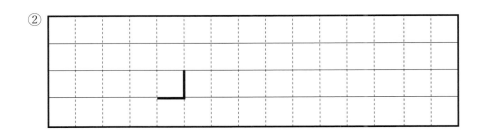

③
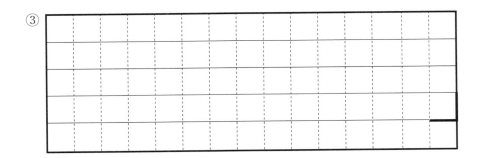

問3

(1) 通過した側：＿＿＿＿＿＿＿＿＿

理由
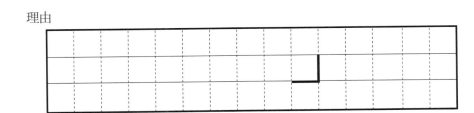

(2) ＿＿＿＿＿＿＿

(3) 温度移流：＿＿＿＿＿＿＿＿＿

理由
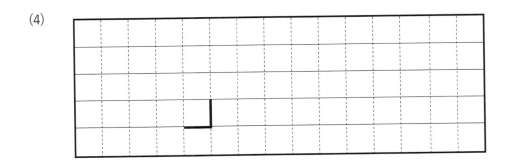

(4)

問4

(1)

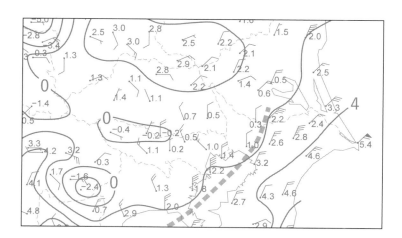

(2) ①

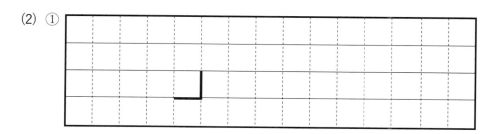

　② 通過した時刻：＿＿＿＿＿＿＿＿時

　　天気の変化：＿＿＿＿＿＿＿＿＿＿＿＿＿＿＿＿＿＿＿＿＿

(3) ① ＿＿＿＿＿＿＿＿＿＿　② ＿＿＿＿＿＿＿＿＿＿　③ ＿＿＿＿＿＿＿＿＿＿

　④ ＿＿＿＿＿＿＿＿＿＿　⑤ ＿＿＿＿＿＿＿＿＿＿　⑥ ＿＿＿＿＿＿＿＿＿＿

(4) ① 大雪注意報：＿＿＿＿＿＿＿＿時　　大雪警報：＿＿＿＿＿＿＿＿時

　② 種類：＿＿＿＿＿＿＿＿＿＿＿＿＿

　　根拠

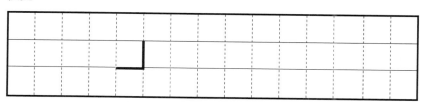

受験番号

フリガナ

氏　名

採点欄

問1

(1) ①＿＿＿＿＿＿＿　②＿＿＿＿＿＿＿＿＿　③＿＿＿＿＿＿＿＿

④＿＿＿＿＿＿＿＿　⑤＿＿＿＿＿＿＿　⑥＿＿＿＿＿＿＿

⑦＿＿＿＿＿＿＿　⑧＿＿＿＿＿＿＿

(2) ①＿＿＿＿＿＿　②＿＿＿＿＿＿　③＿＿＿＿＿＿　④＿＿＿＿＿＿

(3) ① 6 日 9 時

2 日 9 時

②6 日 9 時の気圧の谷(トラフ)の位置：＿＿＿＿＿＿

2 日 9 時の気圧の谷(トラフ)の位置：＿＿＿＿＿＿

③ 風速の大きい日：＿＿＿＿＿ 日　　　　　主な風向：＿＿＿＿＿＿＿

④ 降水域は、相当温位の ＿＿＿＿＿＿＿ ところに対応している。

降水域アにおける風速は、降水域イと比較して、＿＿＿＿＿＿＿＿＿＿

(4) ① ＿＿＿＿＿＿＿＿＿ ノット

② ＿＿＿＿＿＿＿

③

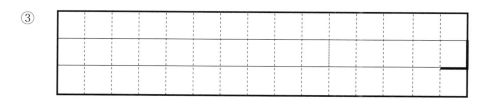

(5) ①

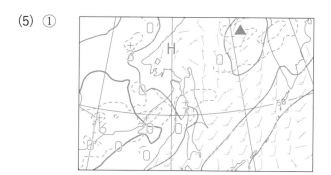

② ＿＿＿＿＿＿＿

問2

(1) 領域A

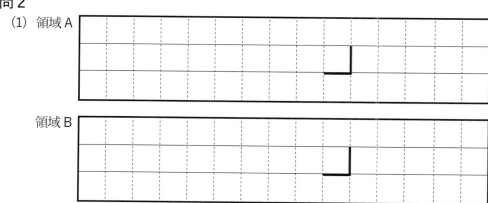

領域B

(1) 領域 C

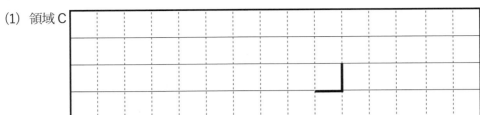

(2) 北緯_____ ° 　　　　　 東経_____ °

(3) ① _____ 　 ② _____

　　 ③

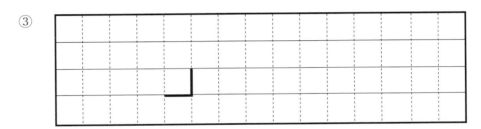

問 3

(1) 点 D
　　 特徴：相当温位の_____ 　 安定性：_____
　　 点 E
　　 特徴：相当温位の_____ 　 安定性：_____
　　 点 F
　　 特徴：相当温位の_____ 　 安定性：_____

(2)

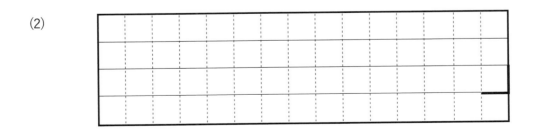

(3) ① 北緯＿＿＿＿＿＿＿°

②

強	雨	域	は	、										

(4) ① 前３時間降水量の最大値：＿＿＿＿＿＿mm　　時刻：＿＿＿＿ 時

②

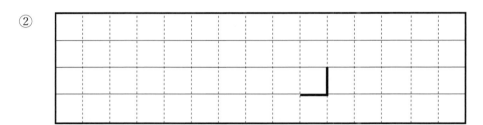

③ ＿＿＿＿＿＿＿＿＿＿＿＿＿＿＿＿＿＿＿＿＿＿＿＿＿＿＿

④ ＿＿＿＿＿＿＿＿＿＿＿＿＿＿＿＿＿＿

(5) ① ＿＿＿＿＿＿＿　　② ＿＿＿＿＿＿＿＿＿　　③ ＿＿＿＿＿＿＿

④ ＿＿＿＿＿＿＿　　⑤ ＿＿＿＿＿＿＿＿＿　　⑥ ＿＿＿＿＿＿＿

⑦ ＿＿＿＿＿＿＿

（第 61 回配本）

令和 5 年度
第 2 回　気象予報士試験　模範解答と解説

2024 年 4 月 30 日　初版印刷
2024 年 5 月 10 日　初版発行

編　集　　天気予報技術研究会

発行者　　金　田　　功

印刷所　　三美印刷株式会社

製本所　　三美印刷株式会社

発行所　　株式会社 東 京 堂 出 版
〔〒 101-0051〕東京都千代田区神田神保町 1-17
電話　03-3233-3741
ホームページ　https://www.tokyodoshuppan.com/

ISBN978-4-490-21099-6 C2044　　Ⓒ Tenkiyohōgizyutu Kenkyūkai 2024
Printed in Japan

ひまわり8号
気象衛星講座

伊東譲司・西村修司・田中武夫・岡本幸三 —— 著

四六倍判　272頁　定価（本体4,500円+税）

世界最先端の性能を持つ気象衛星「ひまわり8号」。その豊富な情報の内容を紹介し、的確な利用・分析手法を解説。立体的断面構造がわかる動画画像の DVD 付。

増補改訂新装版　気象予報のための
天気図のみかた

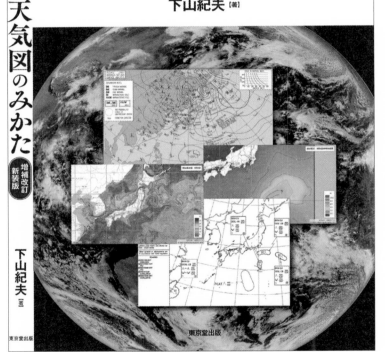

下山紀夫 —— 著

A4判　カラー口絵4頁　256頁　定価（本体5,000円＋税）

各種解析図・予想図・予想資料を豊富に収録！
天気図上に記された情報の読み取り方を丁寧に解説。
最新技術による航空用・船舶用天気図も多数収録。

問15 図A〜Cは、3か月予報の基礎資料となる、ある冬(12月〜2月)の数値予報による予想図である。図Aは海面水温の平年偏差、図Bは200hPa流線関数の平年偏差、図Cは500hPa高度及び平年偏差の予想図である。これらの図に基づく予想について述べた次の文章の下線部(a)〜(c)の正誤の組み合わせとして正しいものを、下記の①〜⑤の中から1つ選べ。

　　図Aでは、太平洋赤道域の中部から東部の海面水温が (a) 平年より高く、エルニーニョ現象発生時に見られる特徴が予想されている。また、インドネシア付近からインド洋東部にかけては平年並みかやや低い予想となっている。図Aの海面水温分布に対応して、インドネシア付近からインド洋東部にかけては降水量が平年より少ない予想(図略)であり、このことが影響して、図Bでは、中国大陸から日本付近にかけての流れは、平年に比べて (b) 中国大陸では北に、その東側では南に蛇行する予想となっている。図Cでは、 (c) 日本付近は正偏差に覆われており、平年に比べて寒気が南下しにくいことが予想されている。

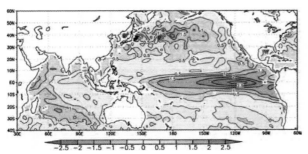

図A　海面水温平年偏差予想図
実線および破線：平年偏差(℃)

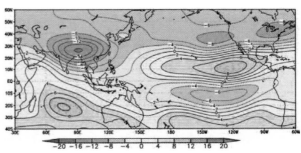

図B　200hPa流線関数平年偏差予想図
実線および破線：平年偏差(10^6m²/s)
※　流線関数と風の関係：風は流線関数の等値線に概ね平行に、数値が小さい側を左に見る向きに吹く。

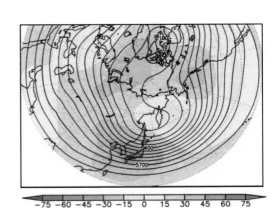

図C　500hPa高度及び平年偏差予想図
実線：高度(m)、塗りつぶし：平年偏差(m)。

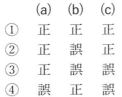

	(a)	(b)	(c)
①	正	正	正
②	正	誤	正
③	正	誤	誤
④	誤	正	誤
⑤	誤	誤	正

本文 p.114 を参照して下さい.

図 9

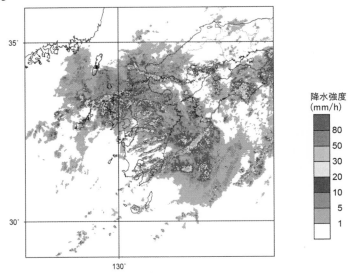

図 9　レーダーエコー合成図　　　　　　　XX 年 7 月 6 日 9 時(00UTC)
塗りつぶし域：降水強度(mm/h)(凡例のとおり)

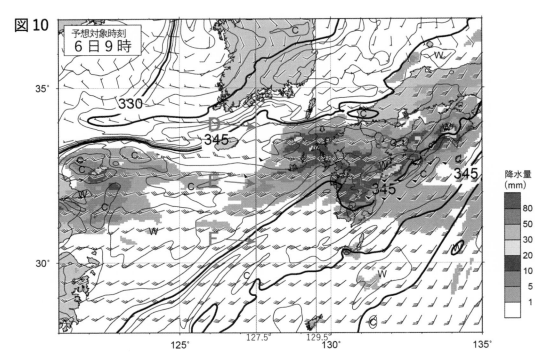

図 10　メソモデルによる 850hPa 相当温位・風・前 1 時間降水量 12 時間予想図
実線：相当温位(K)
矢羽：風向・風速(ノット)(短矢羽：5 ノット、長矢羽：10 ノット、旗矢羽：50 ノット)
塗りつぶし域：前 1 時間降水量(mm)(凡例のとおり)

初期時刻　XX 年 7 月 5 日 21 時(12UTC)

本文 p.164 を参照して下さい.

図13

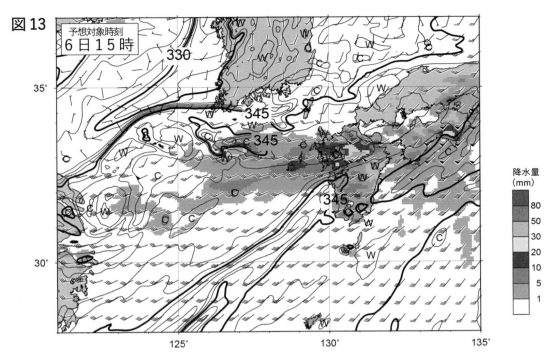

予想対象時刻
6日15時

図13　メソモデルによる850hPa相当温位・風・前1時間降水量18時間予想図
　　　実線：相当温位(K)
　　　矢羽：風向・風速(ノット)(短矢羽：5ノット、長矢羽：10ノット、旗矢羽：50ノット)
　　　塗りつぶし域：前1時間降水量(mm)(凡例のとおり)

　　初期時刻　XX年7月5日21時(12UTC)

図14

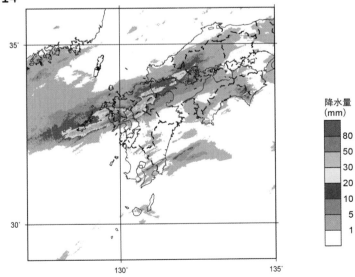

図14　解析雨量図　　　　　　　　XX年7月6日15時(06UTC)
　　　塗りつぶし域：前1時間降水量(mm)(凡例のとおり)

本文 p.166 を参照して下さい.

気象予報士試験・実技試験
―気象庁における天気予報作業の

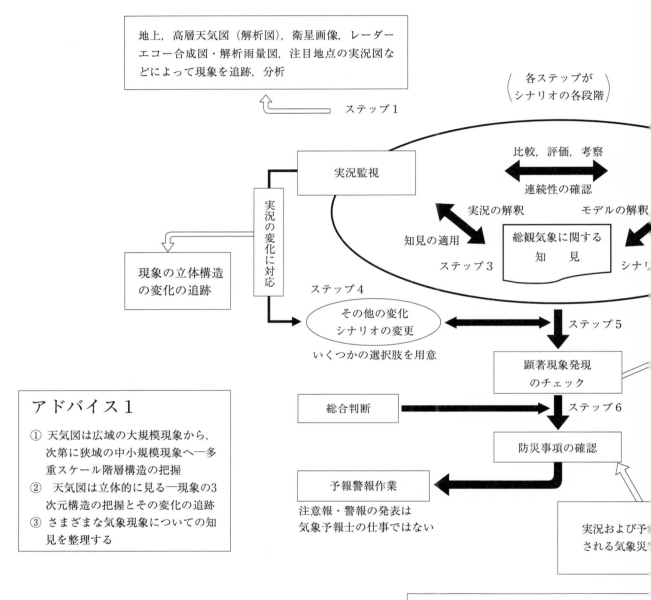

地上，高層天気図（解析図），衛星画像，レーダーエコー合成図・解析雨量図，注目地点の実況図などによって現象を追跡，分析

ステップ1

各ステップが
シナリオの各段階

実況監視

比較，評価，考察

連続性の確認

実況の解釈　　モデルの解釈

知見の適用

総観気象に関する
知　見

ステップ3

シナリ

実況の変化に対応

現象の立体構造
の変化の追跡

ステップ4

その他の変化
シナリオの変更

いくつかの選択肢を用意

ステップ5

顕著現象発現
のチェック

総合判断

ステップ6

防災事項の確認

予報警報作業

注意報・警報の発表は
気象予報士の仕事ではない

実況および予
される気象災

アドバイス1

① 天気図は広域の大規模現象から，次第に狭域の中小規模現象へ―多重スケール階層構造の把握
② 天気図は立体的に見る―現象の3次元構造の把握とその変化の追跡
③ さまざまな気象現象についての知見を整理する

実技試験合格基準（基本は70%）
公表された実績は
60%～70%
程度

アドバイス2

受験者は最初に問題全体をさっと見渡して
成り立ちを見きわめる．上の流れ図に沿って
①主テーマを特定する．
②ストーリー展開・シナリオの筋道を把
③枝問がどのステップに対応しているか
④文章題の解答に必要なキーワードを特